LA DÉMARCHE SCIENTIFIQUE
ET L'INNOVATION
EN SCIENCES SOCIALES

Pour Comprendre

Collection dirigée par Jean-Paul Chagnollaud

L'objectif de cette collection *Pour Comprendre* est de présenter en un nombre restreint de pages (176 à 192 pages) une question contemporaine qui relève des différents domaines de la vie sociale.

L'idée étant de donner une synthèse du sujet tout en offrant au lecteur les moyens d'aller plus loin, notamment par une bibliographie sélectionnée.

Cette collection est dirigée par un comité éditorial composé de professeurs d'université de différentes disciplines. Ils ont pour tâche de choisir les thèmes qui feront l'objet de ces publications et de solliciter les spécialistes susceptibles, dans un langage simple et clair, de faire des synthèses.

Dernières parutions

Barthélemy Kabwana Minani, *Entrer en philosophie antique*, 2019.
Julien CHAVANNE, *L'art comme empreinte,* 2019.
Gilles LÉVÊQUE, *A quoi sert la culture ?,* 2019.
Damien GIMENEZ, *La question de la liberté*, 2018.
Patrice VIVANCOS, *Économie et cinéma. Leurs liaisons dangereuses décodées au fil des 26 lettres de l'alphabet*, 2018.
Doh Ludovic FIÉ, *La pensée du beau chez Plotin. Une esthétique de la rupture*, 2018.
Xavier BOLOT, *Les illusions d'optique, une introduction à la pensée quantique du quotidien*, 2017.
Otto Maria CARPEAUX. *Histoire de la littérature occidentale de 1920 à 1980. Extraits,* 2010.
Michel PERRIN, *1848, Louis Blanc ou la fraternité en République. Un repère pour aujourd'hui*, 2017.
Elisabeth CHAMORAND, *La liste noire,* 2017
Paul NDA, *Sociologie politique, Pour comprendre ce qui se joue, se décide et se passe ici et ailleurs, avec sa géométrie variable,* 2017

Jean-Pierre ESCAFFRE

LA DÉMARCHE SCIENTIFIQUE ET L'INNOVATION EN SCIENCES SOCIALES

Cas dans le domaine de l'étude des organisations sanitaires

L'Harmattan

Du même auteur

Le contrôle de gestion des unités de soins hospitaliers, éditions Économica, 2008.

Géopolitique contemporaine, souveraineté, soumission, intégration, désintégration, éditions Nuvis, 2015.

Autonomie, Dépendance, Stratégie (essai théorique), éditions Nuvis, 2016.

En collaboration avec R. Favier : La France se délite, réagissons !, éditions HDiffusion, 2017.

5-7, rue de l'École-Polytechnique – 75005 Paris
www.editions-harmattan.fr
ISBN : 978-2-343-18195-0
EAN : 9782343181950

Remerciements

Je tiens à remercier vivement Simone CASSETTE (CNRS), Raphaël FAVIER (École de chimie de Paris) et Frédérique QUIDU (EHSEP) pour leur lecture attentive de l'épreuve de cet ouvrage, ainsi que pour leurs suggestions pertinentes.

INTRODUCTION

Cet ouvrage s'adresse à toute personne s'impliquant pour la première fois dans des recherches, dans un mémoire, une thèse, un rapport d'étude.

Il s'agit d'une base élémentaire que le chercheur doit s'approprier avant toute démarche qui se veut scientifique. Il devra continuer à approfondir au fur et à mesure de son travail l'histoire et la philosophie des sciences, piliers fondamentaux, en particulier ceux correspondant à sa spécialité.

Car il n'y a pas photo : ceux qui s'approprient ces deux piliers vont très vite au but car ils font moins d'erreurs d'ordre conceptuel dès le départ de leurs investigations.

Cet ouvrage consacre succinctement ses premiers chapitres à l'histoire et à la philosophie des sciences, ainsi qu'à la pratique des recherches, à ce qu'elle implique comme méthodes et organisations, et aussi comme éléments essentiels pour la bonne santé d'une Nation. Le chercheur ne travaille pas en effet que pour lui seul. Les déclins des organisations dédiées à la recherche et à la R&D (Recherche-Développement) sont le fruit de l'abandon d'une société vis-à-vis de son avenir, et signe sa capitulation face à d'autres Nations prédatrices. D'où la responsabilité sociale des chercheurs quant à la revendication des moyens nécessaires au développement de la recherche fondamentale, de l'application de ces recherches, de la recherche-développement, de l'innovation, avec comme mire l'amélioration des processus productifs et du bien-être des populations.

Dans le dernier chapitre, nous décrirons à titre d'exemple (non exemplaire) les démarches entreprises par une équipe de recherche en sciences sociales, ici dans le cadre de la gestion des organisations sanitaires et sociales, avec ses erreurs et ses succès, en montrant aussi la limite que révèlent les démarches empiriques imposées par les pressions institutionnelles ou professionnelles en quête légitime de résultats immédiats. Ces carcans créent l'obligation de conceptualiser, puis de modéliser et de formaliser. Cela permet aux acteurs du terrain de se doter d'une vision, non plus sectorielle, mais globalisante de leurs activités (la théorisation crée par essence une conception générale), puis d'inventer des outils de gestion ayant un sens pour leur travail. Bref l'inévitable superposition de la recherche fondamentale, de l'application des recherches, de la recherche et développement que connaissent les chercheurs en sciences sociales, soucieux de contacts fructueux avec le terrain. Finalement, à bien des égards, ces démarches ressemblent à un concentré de ce que nous enseignent les historiens et les philosophes des sciences.

Nous avons ajouté à la fin de cet ouvrage, qui se veut court, les recommandations essentielles de l'UNESCO concernant la science et les chercheurs scientifiques, que nous conseillons de lire attentivement, car elles contiennent de nombreuses résolutions signées par les États membres quant aux conditions d'exercice de la recherche, l'éthique nécessaire, les statuts des chercheurs pour espérer des résultats scientifiques de qualité.

I- QU'EST-CE QUE LA RECHERCHE ?

I.1- Missions de la Recherche

La recherche a pour première vocation d'élargir sans cesse les connaissances déjà acquises et accumulées depuis des siècles par l'humanité, d'où son caractère désintéressé, universel, très ouvert aux nouvelles idées en provenance de toutes les régions du monde.

La seconde vocation est de proposer des « lois » sous forme de modèles qui décrivent de manière convaincante pour la communauté scientifique les mouvements du réel observable ou non. Ces « lois » ont pour caractéristique essentielle de pouvoir être prédictives. Dès lors elles deviennent des supports aux décisions stratégiques de groupes humains qui se réfèrent toujours à un espace fini et spécifique (famille, diaspora, organisation productive, nation...).

Il existe des modèles scientifiques diversifiés émanant d'endroits différents, décrivant des réalités semblables, avec la même efficacité : cela signifie que les conceptions de ces modèles sont fortement imprégnées par la culture locale. Il n'y a donc pas obligatoirement universalité d'un modèle pour un même objet. Il ne le devient que si le système culturel dans lequel il a été conçu s'impose de manière hégémonique. Notons que ces « lois » sont souvent énoncées dans des modèles formalisés par la mathématique, outil intellectuel puissant, qui a l'avantage comme nous le verrons de découvrir de nouvelles lois insoupçonnées car souvent contraire « au bon sens » commun.

La troisième vocation de la recherche est de concevoir des outils fondés sur les modèles scientifiquement éprouvés, outils utiles pour les besoins de toutes sortes des humains dans un contexte donné. Ces besoins se réfèrent toujours à la nécessité de s'alimenter, de se protéger des intempéries de toutes natures, de se défendre des agressions extérieures, de pouvoir vivre en groupes plus ou moins homogènes. De cette dernière nécessité émanent les inventions des arts et des rituels, qui renforcent la cohésion du groupe.

I.2- La constitution des connaissances (ou épistémologie)

Le premier rôle de la recherche est d'élargir les connaissances, avons-nous écrit. Mais qu'est-ce que la connaissance ?

D'une manière générale, la connaissance peut être visualisée de la manière suivante :

La Connaissance

Connaissance (Larousse) : activité intellectuelle visant à avoir la compétence de quelque chose ; Système d'explication des rapports entre la pensée et des objets.

Connaissance (en philosophie)[1]: croyance vraie et justifiée d'une multitude de données interdépendantes qui, à elles seules, ont une moindre valeur qualitative.

Le triangle de la connaissance

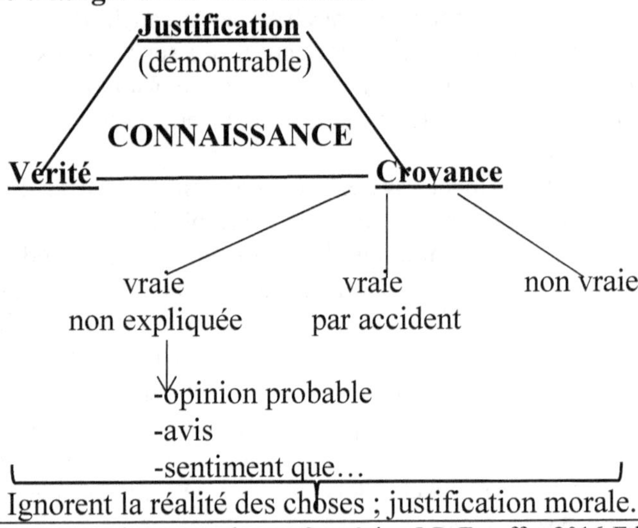

Source : Autonomie, Dépendance, Stratégie- J-P Escaffre-2016-Edit Nuvis

[1] « La connaissance, c'est l'infini versé dans un moule fini » (E. RENAN, *L'Avenir de la sc.*, 1890, p. 477), selon TLF-CNRS.

La raison est au fondement des connaissances démontrables, qui elles-mêmes élaborent les sciences. Celles-ci proposent un ensemble de prédictions d'états physiques de la nature précédemment inconnus, ou un ensemble de comportements sociaux dont on n'avait pas conscience.

Les connaissances démonstratives peuvent se constituer de différentes manières, que l'on regroupe généralement en trois principes :

- les choses existent en soi, c'est ce qui constitue le « réel », en dehors et indépendamment de nous (principe ontologique) ;
- les choses ne se révèlent que grâce à nos actions : la réalité est empirique (principe gnoséologique) ;
- les choses n'apparaissent que par expérimentations pilotées, « réels » cloisonnés par les conditions expérimentales (principe pragmatique), qui, s'accumulant, fournit une vision de ce « réel ».

Quel que soit le principe ci-dessus adopté, on perçoit bien qu'apparaissent, dans l'élaboration des connaissances, les plus ou moins grandes importances accordées aux valeurs culturelles, ainsi que l'importance des savoir-faire des moyens matériels utilisés pour capter la « réalité ».

Le compliqué et le complexe

Une situation complexe n'a pas la même signification qu'une situation compliquée.

Celle-ci sous-entend que l'on peut toujours la transformer en son contraire : une situation simple. Un fil de pêche embrouillée en pelote peut se défaire avec patience et longueur de temps en un seul segment tendu.

Une situation complexe suggère une compréhension partielle du phénomène étudié, à laquelle s'ajoutent une certaine méconnaissance et des effets aléatoires trop nombreux pour être maîtrisables. Ces derniers introduisent des rétroactions, des irréversibilités qui peuvent générer de l'incertitude.

La complexité ne signe en rien l'abandon définitif de la prétention des êtres humains à comprendre le monde, au contraire : c'est ce à quoi servent les théories scientifiques.

L'approche scientifique du « complexe » a fait émerger concomitamment des nouvelles méthodes : les systèmes dynamiques non linéaires en mathématique (causalités non linéaires), la théorie du chaos déterministe en physique, la théorie des structures dissipatives en thermodynamique, la théorie proies-prédateurs en écologie, la systémique de J-L LE MOIGNE, la pensée complexe en sociologie-anthropologie (E. MORIN), le système monde de l'école des annales en Histoire, etc.

En physique, les fonctions d'ondes représentent-elles la « réalité », le système tel qu'il est ? Ou est-ce une représentation de la connaissance des ondes que nous en avons ? Ce n'est pas la science qui tranchera (pour ce que l'on utilise, ces fonctions d'ondes s'avèrent pourtant efficaces). Il s'agit fondamentalement d'un problème philosophique.

Tout développement scientifique dépend d'une conception du monde, de principes philosophiques qui délimitent la façon d'observer. Par exemple, la philosophie positiviste ne considère que les faits et en conséquence renonce au « réel » en soi dont elle estime l'étude impossible. Elle s'oppose donc au principe ontologique et se rapproche de celui gnoséologique. La philosophie constructiviste, au contraire, estime que la science construit ses objets, la « réalité » naît de l'action qui modifie l'objet étudié : elle n'apparaît qu'au travers les transformations engendrées par l'action. L'immobilité et invisible. Le constructivisme accepte ainsi le principe ontologique.

On perçoit bien que philosophie et science sont intimement liées. Une démarche qui se prétend scientifique sans explicitation des principes philosophiques qui la sous-tendent n'est que dogme, une philosophie sans atout scientifique n'est que spéculation intellectuelle.

I.3- Un problème de fond de la recherche que l'on ne peut pas esquiver : le temps

Le temps est sans doute l'une des notions qui a le plus fait *dissensus* entre les philosophes durant des siècles.

Le chercheur n'y échappe pas. Dès lors qu'il commence à étudier un phénomène quelconque, vont se poser des questions du type : faut-il que je l'analyse d'abord à un instant t, moment de transit entre un passé et un avenir (bizarrement aussi l'inverse), ou sur une période, ou le passage de l'un à l'autre ? Ou faut-il que je l'ignore, en ne considérant que la suite des causes et des effets, la variable temps étant considérée alors non rationnelle car par essence non explicative ? Avouons-le, on se trouve souvent en plein désarroi. Finalement, on ne mesure que des écarts.

Qu'est-ce que le temps ? Sont-ce les événements qui génèrent le « temps », ou l'inverse ? Peut-on dire que le vieillissement des êtres vivants ou le rongement des falaises est « l'œuvre » du temps ? Est-ce seulement l'avancement régulier objectif des aiguilles des pendules, en dehors de l'observateur ? Le temps se fige, le temps s'accélère selon. Le temps est-il une simple suite chronologique, ou une dynamique de faits ? Dans ce dernier cas, est-ce une subjectivité de l'observateur ? Que signifie la « simultanéité » de deux événements ? Einstein, dans sa théorie de la relativité, démontre que la simultanéité par rapport à un observateur ne l'est pas pour un autre observateur en déplacement par rapport au premier. Il est donc impossible de définir un instant t où se manifesteraient tous les événements de l'univers au même moment.

Comme l'écrit E. Klein[2] , le temps désigne aussi bien dans le langage courant « l'instant, le moment, la durée, l'urgence, l'attente, la vitesse, l'usure, le vieillissement, l'argent (…), la mort… Cela fait à l'évidence trop pour un mot de cinq lettres ». Cette polysémie de notre langage habituel n'est pas faite pour clarifier les démarches scientifiques. Il ne nous reste plus qu'à choisir, faute de mieux.

Choisissons instant et durée, cause et effet. Ces deux derniers termes exigent la reconnaissance d'une logique de passage, *a priori* déterministe, donc une durée, sinon nous ne pourrions distinguer dans la simultanéité cause et effet. L'effet est dépendant de la cause.

---

[2] Matière à contredire, Edit de L'observatoire, 2018.

Cependant, des séries de causes différentes peuvent aboutir au même effet. C'est le cas des événements aléatoires : les successions de causes (la combinatoire de la loi, base du calcul de la probabilité) aboutissent à une valeur de la variable. Repartir de cette valeur et remonter vers les milliers de chemins amenant à l'une des causes est pour le moins hasardeux, d'autant qu'*a posteriori* on ne peut savoir quel a été le chemin réellement emprunté. Comme quoi, le temps est irréversible, car dans la pratique, les causes déterministes sont si multiples qu'ils constituent les événements aléatoires. Le chemin spécifique de la succession des causes aboutissant à l'effet aléatoire observé a une probabilité très faible de se reproduire selon le même chemin, ce qui exprime l'impression de l'irréversibilité du temps.

Revenons à l'instant et à la durée, en prenant l'exemple de la théorisation de l'autonomie / dépendance / stratégie (que nous détaillerons dans le dernier chapitre). Nous avons défini l'autonomie d'un acte comme celui qui est accepté culturellement par un individu et par sa capacité matérielle de l'accomplir concrètement. Pour que l'acte se réalise, il faut qu'il y ait simultanéité des deux causes pour produire l'effet : on raisonne donc à un instant t, ce qui permet une formalisation aisée. Par conséquent on admet que ces deux causes ne sont pas liées. Sur une période, ceci est-il admissible ? On démontre que si on fait varier le nombre de moyens matériels à disposition, cela entraîne logiquement obligatoirement une variation du nombre de valeurs culturelles (et réciproquement, mais pas de la même manière). Si donc on raisonne à un instant donné, la liaison entre les deux cas n'existe pas, mais sur une période, elle existe obligatoirement.

I.4- Le développement des sciences n'a jamais été un long fleuve tranquille

Historiquement, les sciences sont les filles des pouvoirs concentrés dans quelques mains, pouvoir capable de gérer des masses d'hommes formant des empires : comment résoudre les problèmes de construction les plus divers, comment transférer les valeurs économiques vers le pouvoir central à partir de territoires éloignés, comment contrôler ces transferts ? etc. C'est alors que l'État naît et a besoin d'écriture, de comptabilité, de moyens de transport rapides. Ainsi les sciences se déploient dans des lieux stables de pouvoir, lieux polycentriques, mais en rivalité, ce qui pousse au développement économique et militaire afin d'établir un équilibre des rapports des forces. Les sciences prennent alors un caractère stratégique. Mais ce processus s'étiole dès lors que se constitue une concentration excessive des pouvoirs politiques, suite à l'élimination d'autres lieux de pouvoir. Cette concentration nécessite une centralisation des dogmes, historiquement religieux, pour se maintenir.

L'État le plus ancien connu apparaît en Mésopotamie, 3500 av. J.-C. En quelques siècles à peine, éclosent les mathématiques, l'astronomie, les routes et donc la roue, les grands monuments architecturaux... Les Mésopotamiens connaissaient le théorème de Pythagore, soit plus d'un millénaire avant le célèbre savant grec, ainsi que des éléments d'algèbre (règle de trois). On leur doit le système sexagésimal utilisé pour le découpage du temps (60 minutes pour une heure).

En Chine, la boussole était connue dès le 2e siècle av-J.-C. (et n'est parvenu en Europe qu'au 12e siècle, par les grands commerçants arabes). Les Chinois furent à l'origine de l'imprimerie, du papier, de la poudre, des techniques des ponts suspendus, etc.

L'apogée arabe correspond aux conquêtes territoriales de l'Espagne à l'Iran, mettant en contact de nombreux savoirs afin de maîtriser un tel espace : en mathématiques le calcul d'équations à plusieurs inconnues, en astronomie pour déterminer le moment du ramadan, en chimie (fabrications de médicaments, de réactifs dans le but de purifier l'eau), en médecine.

En Occident, les fondateurs de la pensée scientifique furent Aristote et Ptolémée, pour lesquels science et philosophie allaient de pair. De Platon aux stoïciens, d'Épicure à Aristote, le grand principe philosophique fut que l'Homme n'est pas un être à part, mais un être de ce monde. Descartes, Pascal, Leibnitz, Gassendi, Huygens, Newton au XVIIe siècle (époque en plein essor économique), les grands scientifiques contemporains, etc.

poursuivirent ce même chemin en Europe, ce qui permit de grandes avancées scientifiques et technologiques.

Ce principe philosophique, au fondement de la pensée scientifique, connut une rupture spectaculaire lorsque l'Empereur Justinien fit fermer les écoles philosophiques d'Athènes (en 529), et les substitua dans toute l'Europe occidentale par l'enseignement des dogmes religieux chrétiens. L'Homme est désormais destiné à un au-delà céleste : sa nature, son histoire, excède ses capacités de compréhension qui relève du mystère de la création. Il doit donc quémander sa grâce pour atteindre la sagesse et le bonheur.

Dès lors, la culture scientifique et philosophique se replia et glissa vers la Perse, Damas, Bagdad, puis Cordou. Elle se répandit à nouveau en Europe rapidement, non sans heurts violents. C'est ainsi que la science occidentale s'identifia par opposition aux dogmes religieux, quoique les savants laïcs (Kepler, Descartes, Newton...) fussent de fervents chrétiens. Les Jésuites furent de grands formateurs en astronomie, mathématique, ou en cartographie.

Dès le XVe siècle, Leibnitz assure que rien n'est sans raison, que tout est intelligible et démontrable par l'Homme. Il convient donc de se libérer des croyances. Pour avoir bravé les dogmes religieux en publiant ses travaux sur l'héliocentrisme (la terre n'est pas au centre du monde), inspirés de Copernic (un chanoine catholique), Giornano Bruno fut brûlé vif en 1600 par l'Inquisition. Le système de Copernic fut condamné au XVIe siècle et Galilée (XVIIe) fut emprisonné à vie. En effet ses travaux affirmaient que l'on ne doit pas attribuer aux choses les propriétés que nos sens leur donnent. Seule la rationalité mathématique permet de connaître l'essence des choses, et d'en connaître les « lois ». Descartes puis Newton en firent la démonstration, d'où les succès éclatants que connurent les travaux scientifiques dès cette époque, dénommés aujourd'hui « les Sciences classiques », sans commune mesure avec les siècles précédents depuis les Grecs et les Égyptiens.

On peut résumer les fondements des « Sciences classiques » en cinq grands principes, principes qui ont expliqué leur efficacité :

1-la nature est compréhensible en dehors de Dieu, mais aussi en dehors de l'Homme.

2-il existe des lois : enchaînements des causes et des effets, laissant entendre que le temps est linéaire.

3-la manière de connaître est analytique : pour s'approcher du fondamental, il convient de décomposer la « réalité » en éléments de plus en plus simples ; ainsi la biologie peut se ramener à la chimie, et la chimie à la physique.

4-la seule manière d'organiser la pensée est la rationalité, qui se fonde sur des concepts généraux. Ces derniers orientent la vision du monde. La mathématique en est une forme logique. « Sans les mathématiques, assurait Galilée, on est dans un labyrinthe obscur… les sensations nous trompent ». En effet, toutes les lois physiques contredisent les observations immédiates. La leçon : la pensée scientifique d'un chercheur peut avoir raison contre les faits apparents déclarés « évidents » par la population.

5-les énoncés théoriques doivent être validés par des tests empiriques, par des faits qui se répètent systématiquement au sein des situations liées aux conditions édictées par la théorie, de manière récurrente. Cependant, un test négatif parmi beaucoup d'autres positifs n'invalide pas automatiquement la théorie, contrairement à ce que prétend C. POPPER. La réfutation d'un test n'est qu'une alerte. En effet, les clauses des tests ne sont pas toujours aisées à appliquer, les types de mesure choisis ne sont pas toujours pertinents, la précision des mesures n'est pas suffisante, etc.

Si les Grecs fondèrent la philosophie et la mathématique, utiles pour la construction de grands bâtiments et les transports longues distances, c'est au XVIe et XVIIe siècle que se développèrent les « Sciences classiques », d'abord par la physique, au XVIIIe siècle la chimie, puis au XIXe la biologie, au XIXe et XXe les sciences humaines, au XXe siècle l'informatique sur la base du développement impétueux de l'électronique et des langages[3].

Cependant, ces développements des sciences ne manquèrent pas de faire apparaître des défauts, tout particulièrement ceux qui

---

[3] Ce découpage est bien sûr grossier : ce fut un chevauchement continuel.

ont eu tendance à substituer l'objectif de nouvelles connaissances par celui de l'utilisation excessive des moyens d'investigation, en particulier mathématique. Les modèles économiques classiques et néo-classiques ont trop souvent empruntés ce chemin. Du coup, ces modèles s'extraient du contexte historique. Cette a-historicité fait alors croire que les entités étudiées sont éternelles et omniprésentes[4]. Par ailleurs, toujours dans ses emplois excessifs, les « Sciences classiques » ont eu tendance à délier l'homme et la nature, le sujet et l'objet. Seul l'objet intrinsèque fait sujet de l'étude scientifique classique. Dès lors, celle-ci ne s'intéresse guère à l'organisation entre ces objets, évacuant ou négligeant ainsi l'analyse de la complexité dans la démarche scientifique.

Ces défauts sont sans doute dus à la séparation trop accentuée entre la philosophie et la science, en particulier au XXe siècle.

I.5- Démarche scientifique et élaboration de théories

La philosophie conçoit des concepts, c'est-à-dire une mise en ordre de composants en apparence chaotique, un concentré abstrait, permettant ainsi une vision globalisante du « réel » étudié. La science propose des liaisons entre ces concepts, les mesure, puis les modélise à des fins prédictives, introduit des limites compréhensibles au chaos dans le domaine assigné. Cela constitue une théorie. Celle-ci cherche à établir des régularités dans le désordre apparent des faits isolés, ces derniers apparaissant alors comme des instances particulières d'harmonies plus générales. Cela nécessite le passage à des représentations symboliques permettant de reproduire la plus grande quantité possible de situations concrètes.

Une théorie est admise comme telle dès lors que sont reconnues sa cohérence interne, une correspondance entre les propositions théoriques et les faits expérimentaux diversifiés, puis qu'elle soit de plus munie d'un système de prédictions efficace, et ce autant que possible avec simplicité (principe dit « d'élégance »).

---

[4] Caractéristiques d'un dieu : a-spatial, atemporel, omniprésent. Etonnant parallélisme !

Une théorie se heurte à des contradictions lorsque des faits, même en apparence marginaux, ne correspondent pas à ses prédictions. Dans cette situation, plusieurs solutions peuvent être adoptées :

- Il s'agit d'une erreur interne à la théorie : abandon pur et simple.
- La théorie ne marche pas correctement dans certaines circonstances : les concepts sous-jacents ne sont pas assez globalisants ; il faut donc la dépasser (exemple : la physique newtonienne recouverte par la physique relativiste qui inclut la première).
- La théorie prédit une réalité qui n'est pas observable immédiatement ; cela exige alors d'inventer des expériences ad hoc pour traquer son réalisme. L'exemple récent le plus spectaculaire fut sans doute celui du boson de Higgs, décelé d'une manière abstraite par une modélisation mathématique, boson confirmé expérimentalement plus de quarante ans après sa découverte. Une conséquence de taille est que cela bouleverse aujourd'hui la notion de masse, philosophiquement caractéristique *a priori* intrinsèque de la particule (et de tout objet en général), pour privilégier l'interaction entre particules.

Il convient de ne pas confondre théorie (philosophie, modélisation, prédiction) avec les démarches empiriques, pragmatiques, très fréquentes en Sciences sociales. Ces démarches se fondent sur des questionnements communs, issus de la culture des concepteurs et des pratiques habituelles. Ne pouvant brasser concrètement toutes les situations de vie de la société, les enquêtes sont contraintes à se limiter à des microphénomènes (réductionnisme généralisé). C'est fréquemment le cas dans les Sciences sociales. Par exemple, les enquêtes sur les effets particuliers du chômage (il serait compliqué et coûteux d'étudier tous les effets *a priori*), ou en vue de calculer les coûts d'une maladie à l'hôpital (il serait difficile de vouloir les calculer pour toutes les maladies, ne serait-ce par l'existence de comorbidités), se sont multipliées durant au moins une trentaine d'années, fournissant à peu près les mêmes résultats. S'en suivent les choix des techniques de collecte puis des techniques d'exploitations statistiques. Celles-ci permettent de décomposer le champ des données collectées en parties homogènes vis-à-vis des variables choisies (même structure des modalités des variables comme le calculent les analyses statistiques multidimensionnelles), d'où des classements précis admettant des comparaisons parfois fructueuses. Dans les cas les plus aboutis, à la suite de la multiplication d'enquêtes similaires montrant des régularités statistiques (la statistique montre, mais ne démontre pas), des règles algorithmiques peuvent en être déduites, autorisant des simulations numériques, et de là des prévisions à court terme en prenant comme hypothèse que durant ce court laps de temps l'environnement du microdomaine enquêté est resté à peu près stable (raisonnement « toutes choses égales par ailleurs »). Issus de démarches pragmatiques, les résultats s'inscrivent obligatoirement dans les croyances de départ, d'où des enquêtes répétitives de même nature qui ont tendance à renforcer les croyances[5]. Dès lors, on ne voit pas comment faire autrement : la démarche se heurte plus ou moins consciemment à un plafond de verre. Quelle signification ? On se cogne à une limite conceptuelle, car il n'y a pas eu de tentatives de théorisation. L'exemple typique de perversion est celui de l'adoption des techniques de tarification à l'activité (T2A) dans les hôpitaux : incapable de résumer en un ou quelques concepts l'ensemble des activités de soins hospitaliers, les opérateurs sont contraints de classer leurs activités dans plus de 700 groupes prétendument homogènes auxquels il est affublé un prix pour aider les assureurs à fixer leurs primes. Rien que l'adoption officielle de ce nombre de groupes dénote un déficit conceptuel étonnant.

I.6- La distinction Recherche fondamentale, Application de la recherche, Recherche&développement

La distinction Recherche fondamentale (RF), Application de la recherche (AR) et Recherche&Développement (R&D) n'est pas toujours aisée tant elles sont imbriquées dans la pratique de nombreux chercheurs. Cependant, ces trois formes de la recherche ne suivent pas les mêmes objectifs, n'utilisent pas les

[5] C'est ce que les historiens des sciences dénomment la performativité perverse.

mêmes démarches, les mêmes méthodes et les mêmes techniques.

La RF a pour objet de trouver des modèles généraux issus de concepts précis, d'ordre philosophique. Elle ne se soucie pas de l'éventail des applications. Par exemple, en physique U = R.I (La loi d'Ohm : la tension électrique est égale à la résistance du matériau utilisé par l'intensité du courant), chaque concept « Tension », « Résistance », « Intensité » fut l'objet d'âpres débats, et la découverte de la formule se fit alors même que l'existence de l'atome ne fut connue bien plus tard, qu'au XIXe siècle.

L'AR se soucie, comme son nom l'indique, de l'application des découvertes de la RF : comment utiliser la loi d'Ohm pour s'en servir comme source d'énergie pour faire tourner un cylindre ?

La R&D cherche à utiliser l'AR pour fabriquer des objets précis, utiles à l'action humaine : moteur électrique, utilisation de la vitesse de l'électricité pour la télégraphie, etc. On en distingue généralement trois types : la R&D d'adaptation (on améliore la diligence), la R&D incrémentale (accumulation des connaissances sur un objet, faisant corpus), la R&D de rupture (on invente le train, autrement plus efficace que la charrette ou la diligence). La première, la plus fréquente, consiste pour l'essentiel à s'adapter à des marchés différents sur la base d'un même socle de produits, tandis que la troisième, rare, crée de toute pièce un produit ou un service qui n'existait pas (par exemple, passage du téléphone fixe au téléphone mobile). La R&D de rupture provient généralement des chercheurs eux-mêmes : il est en effet peu probable qu'un non-spécialiste élabore un produit révolutionnaire. La puce électronique n'a pu être conçue que par un chercheur.

Il n'y a pas de hiérarchie entre la RF, l'AR et la R&D : elles constituent un système, c'est-à-dire que dans la pratique elles se relient entre elles. Par exemple, les problèmes fondamentaux se révèlent fréquemment suite à des contradictions soulevées par la R&D ou l'AR. La R&D a besoin d'un ensemble d'AR pour concevoir un produit complet, etc.

Ainsi, dans un pays donné, si la rupture d'une des liaisons systémiques RF-AR-R&D est entamée, l'ensemble régresse rapidement, et le pays s'engage dans le sous-développement et dans la dépendance aux nations étrangères. Cela montre que les concepts et les produits issus de cette systémique sont donc fondamentalement culturels. La sous-traitance de l'un des pôles de la recherche d'un pays vers un autre est irréaliste et conduit à des résultats médiocres.

Enfin, de nos jours, la séparation des sciences dites « dures » (mathématiques, physique, chimie, etc.) des sciences humaines est obsolète : depuis les Grecs, on sait que les sciences humaines servent de cadre conceptuel aux développements des premières. Les sciences humaines et sociales ont fait la démonstration, surtout depuis le XIXe siècle, qu'elles ne sont pas un simple supplément d'âme pour les recherches fondamentales ou appliquées. En neuroscience par exemple, la philosophie de l'esprit a fourni le cadre conceptuel de découvertes en imagerie médicale, en chimicobiologie moléculaire du cerveau, en biotechnologie (résistance des populations, sécurité alimentaire etc.).

I.7- Le processus d'innovation

1.7.1-Qu'est-ce qu'innover ?

C'est transformer une idée originale en source de valeur économique par utilisation de résultats scientifiques connus. Il s'agit d'une rencontre entre une idée et un marché. Le processus de recherche et celui d'innovation sont inversés : d'un côté la connaissance est le but, de l'autre c'est un moyen et non une fin. Innover n'est donc pas inventer. Les innovateurs sont des personnages très divers, qui ont cependant comme caractéristiques communes d'être des leaders d'équipe, qui ont su coordonner des compétences variées, prendre des risques, s'appuyer sur des forces économico-politiques. Le Baron BICH (stylo Bic) ou Bill Gates ne sont ni l'un ni l'autre des inventeurs, et n'ont pas innové pour le bien-être de l'humanité, mais pour être champion d'un marché ciblé.

Dans le circuit économique d'ensemble, les innovations représentent la seconde étape après celle de la recherche, et avant la production et la commercialisation. On peut représenter le système général de la manière suivante :

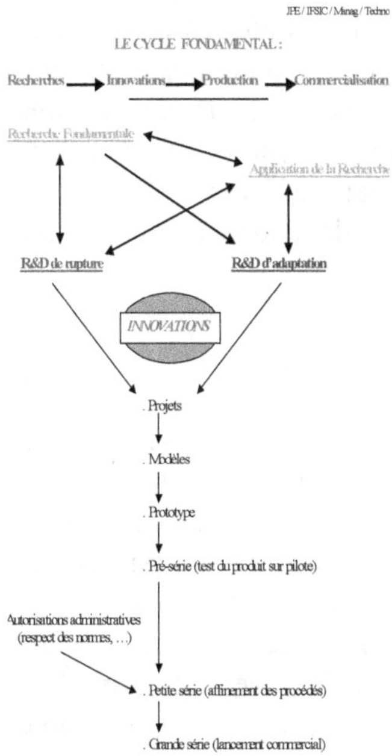

L'innovation ne fleurit pas dans le désert. L'organisation nationale État / collectivités locales / recherche académique / entreprise est une condition essentielle. En France, cela ne va pas de soi, car les cadres dirigeants ayant une formation par la recherche ne représentent que 10 % de la profession (contre 50 % en Allemagne). C'est l'une des raisons des difficultés des partenariats public-privé. La stratégie des restructurations permanentes affaiblit durablement l'innovation, y compris dans des grandes entreprises comme EDF : entre le moment de son apogée mondial et celui du déclin durant les années 2000, la recherche libre des ingénieurs en R&D est passé de 50 % à 3 % du temps de travail. Le Chiffre d'Affaires consacré à la R&D ne représente plus que 0,8 %, contre 1,7 % !

Le cas de l'INRIA est intéressant : cet institut était destiné à la recherche sur des outils de calcul, avec officiellement la volonté de développer une industrie capable de produire des ordinateurs performants aptes à soutenir l'indépendance de la France vis-à-vis des stratégies prédatrices des États-Unis d'Amérique. Les succès de l'INRIA sont tous issus d'équipes stables et pérennes. En 2005, les chercheurs apprennent par la presse que la direction générale vient de signer un accord Microsoft-INRIA. Du coup la firme américaine débauche nombre de chercheurs et pousse l'INRIA vers une démarche essentiellement tournée vers les technologies de la communication. L'indépendance technologique est désormais bien loin.

1.6.2-Innovation et technologie

Il convient de ne pas confondre innovation et technologie. Cette dernière est le fruit de la combinaison des connaissances acquises (théories, savoir-faire) et de moyens matériels, le tout organisé pour une production. On parlera de haute technologie lorsque celle-ci nécessite à la fois des connaissances de haut niveau, proche de celui nécessaire à la recherche appliquée, et de moyens sophistiqués uniquement utilisables par des spécialistes. Il peut apparaître une innovation qui ne demande pas de hautes technologies, et même une innovation qui simplifie drastiquement les besoins technologiques. Ces deux notions ne sont donc pas obligatoirement liées.

Nous donnons ici une liste de domaines où les technologies sont particulièrement développées :

UNE TYPOLOGIE DES TECHNOLOGIES	
- Matériaux - Énergie - Micro-électronique - Biotechnologie - Productique	- Informatique - Communication - Transport - Environnement - Océan - Santé

L'un des impacts les plus importants des technologies est la hiérarchisation des secteurs économiques, certains ne pouvant fonctionner sans l'apport d'autres. Nous en donnons un exemple :

Hiérarchie des technologies

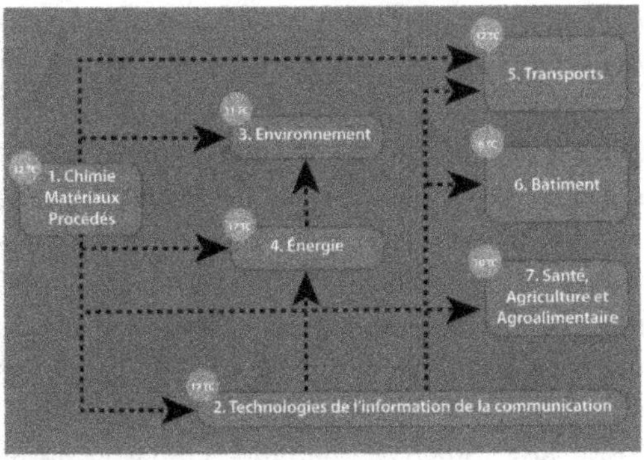

Source : Technologies 2015, ministère de l'Industrie.

I.8- L'importance de la recherche et de l'innovation dans le monde

La carte suivante parle d'elle-même :

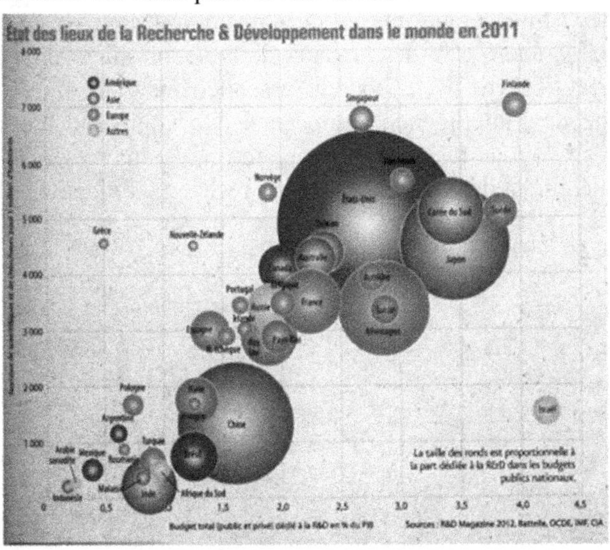

On perçoit ici aisément combien la recherche, l'innovation et les technologies sont des enjeux vitaux pour un pays, enjeux qui s'inscrivent obligatoirement dans la géostratégie.

Globalement, les États-Unis d'Amérique dominent largement en termes de nombres de chercheurs et de financement. Ce pays a une supériorité écrasante dans le domaine spatial. Il a compris que l'avance technologique qui irrigue ses entreprises, et donc en amont la recherche et l'innovation, sont les ingrédients primordiaux de leur autonomie politique et de leur moyen essentiel de domination. Le fait que la masse des moyens investis dans la recherche de ce pays le soit dans le secteur militaro-industriel, signale à l'évidence qu'elle est d'abord au service de sa domination agressive du monde. Cela dit, la somme des capitaux et les hommes investis dans la recherche dans tous les pays d'Europe (on y inclut la Russie) dépassent ceux des États-Unis d'Amérique de nos jours. Cependant, depuis la dernière guerre déclenchée par l'Allemagne, l'Europe fut occupée par deux puissances, l'Union Soviétique à l'Est, les États-Unis d'Amérique à l'Ouest, ces derniers restant la seule puissance occupante après la chute de la première en 1992. L'Union Européenne, dont le fonctionnement est avant tout conçu pour s'arrimer au service des intérêts américains, oriente les recherches et l'innovation dans ce sens. Le secteur des « nouvelles technologies » en est une caricature : financement massif de start-up, revendues ensuite au capital américain, l'un des signaux de la soumission volontaire. Les institutions de l'UE servent essentiellement de moyen de pompage de l'intelligence européenne. On comprend alors les freinages de la recherche dans tous les pays de l'UE, particulièrement dans le domaine de la recherche fondamentale.

LE CAS DE LA FRANCE

- **1- La France investit dans les technologies de l'information et de la communication deux fois moins que les E-U d'Amérique ou que la Finlande.**

- **La France est le pays industrialisé qui compte le moins de chercheurs par entreprise, qui dépense le moins en R&D, qui investit le moins dans les hautes technologies.**

- **Sur les 95 grandes entreprises de l'U.E. disposant des plus gros budgets de R&D, la G.B. en compte 44, la France en aligne seulement 15.**

- **STIC : E-U d'Amérique investit deux fois plus que l'UE.**

- **France : ce n'est pas la matière grise qui manque ni la créativité.**
  Le problème se situe au niveau des entreprises.

I.9- La démarche concrète des études et des recherches

Les considérations précédentes inspirent les démarches concrètes de tout chercheur.

La première étape est de circonscrire le domaine de la recherche : ce qu'il est et ce qui ne l'est pas dans un premier moment.

La seconde étape est de préciser le questionnement que la communauté scientifique se pose car non encore résolu selon la bibliographie, puis de recenser les notions plus ou moins floues qui sous-tendent ce questionnement.

La troisième étape est de transformer ces notions en concepts aux contours précis, ou d'éliminer certaines de ces notions. Cela nécessite un long travail historique et philosophique des notions recensées : il s'agit de se forger une vision longue des évolutions de ces notions, des controverses qu'elles ont suscitées, des applications concrètes dans les organisations productives. De là ressortiront celles qui ont été retenues par les majorités des communautés scientifiques successives, mais ce serait une erreur de ne pas prendre en compte les voies oubliées, parfois les plus originales, et qu'il conviendrait éventuellement de reprendre compte tenu des connaissances modernes. Ce n'est qu'après ce travail qu'arrive la maturation nécessaire capable de préciser les concepts utiles, en nombre le plus petit possible. Cette étape doit se dérouler en se débarrassant de tout jugement. La Science ne juge pas, elle décrit des lois ; seul le citoyen juge en fonction de son idéologie, mais celui-ci est hors course dans la démarche. Nous sommes tous enveloppés d'une gangue idéologique consciente ou inconsciente : celle-ci a pour effet de dévoyer l'objectif de la recherche (démontrer ce que l'on veut juger), ce qui élimine nombre de développements alternatifs. Ici gît sans doute, au niveau philosophique et historique, l'un des grands dangers de la démarche scientifique. Fréquemment, l'incompréhension de phénomènes observables par une théorie pourtant bien établie provient de sa propre étroitesse conceptuelle.

La quatrième étape est d'élaborer des hypothèses quant aux relations éventuelles entre les concepts retenus. L'objectif est de construire une théorie valide, fiable et robuste. Ces relations peuvent être mathématisables, aussi simplement que possible (la complication mathématique pourra être nécessaire qu'au niveau des diverses applications concrètes). Si les relations sont incontestablement démontrables, alors l'ensemble concepts / relations forment un modèle théorique.

La cinquième étape consiste à tester le modèle sur le « terrain » : ce qu'il réussit à décrire et à prédire, ce qu'il ne peut pas rendre compréhensible et prédictif.

Exemple : la science du danger (ou cindynique)
(Selon G. Planchette[6])

Le nombre total d'accidents a chuté entre 1950 et 1970. Puis on constate une stagnation les vingt années suivantes, avec cependant l'apparition de catastrophes inattendues. On bute contre un mur, celui de l'asymptote de la courbe de réduction du nombre d'accidents. L'analyse montre le rôle secondaire des facteurs techniques. Il a donc fallu ajouter à ces derniers les facteurs humains, en particulier le rôle du facteur organisationnel qui a été mis en lumière. Ce sont les déficits internes aux organisations qui favorisent les catastrophes.

Il a donc fallu intégrer à l'analyse des aspects qui guident les actions des acteurs : valeurs culturelles, règles admises, finalités. Des « dissonances » entre acteurs peuvent générer des bifurcations non souhaitées.

L'histoire des analyses des dangers montre qu'elle est liée à la culture. On recense cinq approches :

- analytique, provenant des habitudes acquises ;
- fondée sur le risque, en oubliant le danger qui en est la source[7] ;
- « événementielle » : prioriser les études de risques sur la probabilité de déclenchement de l'événement ;
- « sensorielle » : la connaissance des dangers ne repose que sur ceux perçus par nos sens ;
- préférence quantitative, en occultant le fait que les aspects qualitatifs influencent les actions des individus.

II- LES DÉMARCHES SCIENTIFIQUES EN SCIENCES SOCIALES

II.1- Typologie des Sciences sociales

Les Sciences sociales recouvrent de nombreux domaines : les comportements individuels, les rapports entre groupes humains,

[6] Planchette G., 2017, « Danser le tango sur l'asymptote, science du danger et complexité », VRS n°410.

[7] Danger : capacité à provoquer des dommages ;
Risque : personnes ou équipements confrontés à des dangers.

les évolutions des comportements sur longue période, les conditions de cohérence et d'incohérence entre individus ou au sein de collectivités humaines…

Le découpage contemporain de ces approches génère des spécialisations : la psychologie, les sciences politiques, l'économie politique, l'histoire, l'anthropologie, la linguistique, la démographie, la sociologie. Ces spécialisations se divisent elles-mêmes, par exemple, en sociologie du travail, en sociologie religieuse, etc. En même temps, elles servent de support à des domaines spécifiques, comme les sciences de gestion, synthèse des actions concrètes dans les processus de production organisés selon les pouvoirs et les contraintes techniques, ou encore les sciences de l'information.

Principaux thèmes contemporains

Sans être exhaustif, citons :

- les modes d'existence, les clivages et recompositions des classes sociales, les différenciations culturelles, les inégalités, les injustices, la précarité, la confiance, les réseaux de relations personnelles, les fractures sociales, la violence, le racisme, la démocratie, l'engagement ;
- le pouvoir, la servitude volontaire ou involontaire, la manipulation, les conditions de coopération entre humains, les croyances et les religions, les questions migratoires ;
- les métiers, le sens du travail, la motivation, l'innovation, l'intuition, la psychologie de l'attention, la cognition, l'apprentissage et les transmissions du savoir, les risques psychosociaux, l'éthique ;
- la vie en couple, le cycle de vie familiale, l'empathie, la culture des sentiments, la réputation, les passions, les troubles de l'enfant, le langage, le décrochage scolaire, le sport, l'étude du genre, sans oublier la gastronomie ;
- les effets de la « révolution » numérique, retour récent à l'idée de progrès, les villes durables.

On remarquera le parallélisme entre cette pulvérisation des sujets singuliers des sciences sociales durant ces cinquante dernières années (prenant ainsi la société telle qu'elle est, comme un fait immuable, en la découpant en mini phénomènes, avec éventuellement des changements à la marge), contraire à l'idée de tentative de vision globalisante de la société (en vue de modifications profondes), avec le développement de l'idéologie dite « néo-conservatisme » ou « néo-libérale » fondée sur l'individualisme (méthodologique ou pas) et sur le refus du collectif :

II.2- Les approches scientifiques en sciences sociales

Deux types d'approches ont coexisté, parfois de manière irréconciliable : les méthodes « objectivistes » (dites positivistes) et les méthodes « subjectivistes » (dites herméneutiques à la suite de M. Foucault) : ensemble des connaissances et des techniques qui permettent de faire parler les signes et de découvrir leur sens.

Les objectifs des premières, comme dans les sciences « naturelles », sont de trouver des suites de causalités avec précision. La technique est alors de fractionner le réel en le découpant en composantes de plus en plus élémentaires, comme en physique classique. Si les causalités ne peuvent être découvertes, cela est considéré comme l'expression d'une insuffisance de connaissances préalables.

La démarche « subjectiviste » quant à elle considère que l'observateur ne peut embrasser toute la réalité d'un phénomène, et que les méthodologies adoptées ne sont jamais neutres. Il en découle selon cette démarche que la recherche de causalités est vaine, car souvent impossible à déterminer du fait que plusieurs causes peuvent aboutir au même résultat. En sciences humaines, *a priori*, il est en effet guère aisé d'isoler des facteurs en les « bloquant » afin d'étudier les effets d'autres facteurs. L'objectif est alors plutôt de tenter de saisir les significations des interactions des groupes humains, ainsi que celles des humains avec leur environnement. La méthode générale est donc d'induire du réel visible des significations, par inférence et intuition. Notons que l'instant et la durée sont rarement définis.

Les antagonismes entre les tenants de ces deux démarches se sont en fait avérés stériles, même si la seconde est devenue majoritaire parmi les chercheurs en sciences sociales, souvent par déficit de connaissances mathématiques. C'est la raison pour laquelle nous commenterons essentiellement ici la démarche herméneutique.

Cette démarche est directement liée, il convient de l'admettre, aux valeurs culturelles du chercheur, acteur humain parmi les humains à observer. Celles-ci conditionnent le choix des thèmes, les orientations des démarches, et même la sélection des techniques. Les conclusions et les nouvelles connaissances seront donc relatives à ces valeurs culturelles. L'objectivité est alors considérée comme le fruit d'un refus de l'absolu préalable, d'une acceptation de tous les faits observables et ce sans jugements, et de la conscience de ses propres limites.

II.3- Les méthodes généralement utilisées

Deux méthodes, fréquemment utilisées de concert, sont déployées dans les recherches en sciences sociales : la méthode expérimentale qui met l'accent sur l'observation, et la méthode clinique.

Celle-ci, à l'instar de la médecine, tente de tirer parti de l'analyse approfondie de cas individuels. Elle poursuit un but pratique, trouver une ou des solutions au problème que pose l'individu ou le groupe observé.

La méthode expérimentale cherche plutôt à analyser les interactions entre de nombreux humains dans le bain de leurs environnements. Elle cherche des concepts qui permettent de généraliser les observations issues de l'expérimentation. Elle n'en tire pas obligatoirement des applications pratiques. Cette méthode exige la mise en place de précis protocoles des collectes structurées des données, ainsi que des traitements qui serviront à les classifier (typologies), ce qui pourra générer de l'information ou confirmer des connaissances déjà acquises. Les concepts servent à guider les interprétations, de « comprendre sans voir », au-delà des données faisant information.

D'autres méthodes hybrides sont possibles. C'est le cas par exemple des « types sociologiques ». Il s'agit de portraits stylisés, tirés soit de cas d'où l'on n'a gardé que des caractéristiques jugées essentielles, et en négligeant celles secondaires, soit de portraits idéaux, sous forme de pureté conceptuelle, utopique, en accentuant telles ou telles caractéristiques. Puis on compare aux faits observés (ce fut l'une des méthodes utilisées par M. WEBER).

Les interprétations peuvent s'appuyer sur plusieurs types de schémas explicatifs : l'analyse diachronique (recherche de la genèse des situations observées), l'analyse synchronique (concomitance de faits), l'analyse fonctionnelle (explication du rôle du système social étudié), l'analyse structurale (recherche des permanences, s'oppose à la notion de conjoncture), l'analyse dialectique (rechercher les relations contradictoires qui créent le mouvement).

II.4- Le développement des méthodes qualitatives

Les méthodes dites qualitatives ont été promues en France en particulier par A. Mucchielli et P. Paillé. Elles se situent au cœur des méthodologies « constructivistes » dans les sciences humaines et sociales. Celles-ci ont pour objet l'analyse des logiques d'actions dans les pratiques sociales.

Elles répondent aux pressantes demandes managériales d'analyse de la vie des organisations. Elles s'approchent donc de la recherche et développement (R&D).

Les méthodes qualitatives ont pour objet de produire de la connaissance élaborée, plausible, rarement achevée, contingente, orientée par des finalités, dépendante des actions et des expériences faites par des sujets connaissants, forgée « dans et à travers l'interaction du sujet connaissant avec le monde »[8]. L'implication du chercheur est ainsi admise : les techniques qu'il utilise sont les prolongements de lui-même. « Il est ainsi en contact permanent avec l'objet d'étude qu'il construit par touches successives ». La raison de cette approche est qu'il est décrété que le monde de l'homme n'est pas un monde objectif, mais subjectif construit par la sensibilité de l'observateur. L'objectif est l'explication des significations, l'attribution d'une compréhension, d'un sens, du phénomène étudié.

L'ambition des méthodes qualitatives est de contribuer à l'élaboration d'une théorie intégrée des sciences humaines et sociales, face à l'explosion des champs d'investigation en apparence sans lien les uns avec les autres (voir la multitude des thèmes fréquents plus haut), et ce dans le cadre d'un but précis.

Comme usuel depuis la dernière guerre, la méthode de la recherche qualitative vient des États-Unis d'Amérique et a envahi une grande partie des travaux de recherche de l'intelligentsia soumise dans les domaines des sciences humaines en Europe occidentale. Les auteurs les plus connus sont B.G. Glaser et A.L. Strauss[9], développeurs de la « théorie ancrée »[10], présentée comme une conception nouvelle de la recherche en sociologie. Il convient de développer ici les principes de cette méthode.

Celle-ci est d'abord une réaction aux approches quantitativistes en vogue avant et après-guerre. Elle s'oppose sans nuances aux « théories produites par déductions logiques d'hypothèses définies *a priori* ». La théorie ancrée n'est donc pas conçue comme un marchepied devant fournir à la recherche

---

[8] Alex Mucchielli, « le développement des méthodes qualitatives et l'approche constructiviste des phénomènes humains », Actes du colloque UQAM, 12 mai 2004, Association pour la recherche qualitative.

[9] Ces auteurs sont connus pour leurs travaux sur l'hôpital, et à ce titre font partie de la deuxième école de Chicago.

[10] « La découverte de la théorie ancrée, stratégies pour la recherche qualitative », traduction française chez Armand colin, 2017.

quantitative des catégories et des hypothèses, celle-ci prenant le relais pour découvrir des faits.

L'ambition de la théorie ancrée est de fournir des anticipations, des explications, des interprétations et des applications pertinentes, à partir de données les plus diverses, qualitatives comme quantitatives, analysées de manière systématique et pragmatique, c'est-à-dire centrée sur l'action utile. Le principe général de la méthode est l'analyse comparative des catégories de ces vastes données, catégories aux propriétés bien répertoriées. Celles-ci font émerger la théorie par l'étude des similarités et des dissimilarités. Les auteurs assurent qu'en conséquence le processus d'élaboration de la théorie est indépendant des types de données utilisées.

Un fait parmi de nombreux autres est conçu comme un indicateur de l'existence d'un concept, contribuant ainsi à l'élaboration de la théorie émergente. En fait les auteurs conçoivent un concept comme la désignation de l'unité d'analyse jugée pertinente au regard de l'objectif pratique de quête de connaissances. Il ne s'agit donc pas du concept tel que défini par la pensée scientifique en Europe, produit de la philosophie et de l'histoire longue, à portée généralisatrice.

Le concept défini par la théorie ancrée est toujours provisoire dans le travail de la recherche, car son principe est conçu comme un processus, et non comme un produit achevé, contrairement, selon B.G. Glaser et A.L. Strauss, « aux revendications monopolistiques des théories logico-déductives dont les auteurs prétendent qu'il n'existe qu'une théorie pour un domaine » (page 128). Les auteurs vont jusqu'à préconiser « qu'une stratégie efficace [de la recherche] consiste, dans un premier temps, à ignorer complétement la littérature scientifique du domaine étudié afin d'être certain que l'élaboration des catégories n'est pas contaminée par des concepts plus spécifiques à d'autres domaines ». En fait, cette dernière critique se doit d'admettre que le chercheur est au départ doué de vastes connaissances déjà structurées pour se permettre de sauter par-dessus l'étape des revues bibliographiques, en s'assurant que ces connaissances *a priori* n'ont pas été contaminées auparavant.

On perçoit bien que ces approches « qualitatives », du fait de la volonté de pragmatisme, se situe dans le moment, et de ce fait apparaissent comme a-historique. Elles s'apparentent à la théorie néo-classique en économie, avec l'idéal *homo oeconomicus* par essence a-historique car éternel, ces deux approches apparaissant au même moment de notre histoire occidentale, la phase dite « néolibérale ». Elles ne reposent que sur des faits, c'est-à-dire sur des effets de causes prétendument impossibles à appréhender. L'envers du décor, l'invisible, est considéré comme hors champ de l'analyse scientifique.

II.5- Des approches qui se veulent globalisantes des développements des sociétés

Nous mentionnerons ici deux approches des analyses des phénomènes sociaux, celles qui entendent expliquer les « lois » des comportements humains, les causes et les effets de tous ordres apparents : le marxisme et l'anthropologie contemporaine dont les lectures sont aujourd'hui indispensables pour tout apprenti chercheur dans les sciences sociales. Elles sont généralement en effet prédictives sur longue période (ce ne sont pas des théories de la conjoncture).

Par marxisme, il convient d'entendre non seulement les écrits indissociables de K. Marx et de F. Engels, mais leurs inspirateurs et leurs successeurs, dont Lénine et Trotski, ainsi que de nombreux auteurs en particulier aux États-Unis tel Sweezy (dénommés marxiens, car s'ils adoptent les concepts et les analyses, ils n'en déduisent pas obligatoirement des comportements politiques révolutionnaires). On ne peut mieux résumer la conception marxiste des sociétés que par la citation suivante, fort connue, tirée de l'introduction à l'ouvrage de K. Marx, « Contribution à la critique de l'économie politique », en fait une critique de l'économisme : « (…) dans la production sociale de leur existence, les hommes entrent en des rapports déterminés, nécessaires, indépendants de leur volonté, rapports de production qui correspondent à un degré de développement déterminé de leurs forces productives matérielles. L'ensemble de ces rapports de production constitue la structure économique de la société, la base concrète sur quoi s'élève une superstructure juridique et politique et à laquelle correspondent des formes de conscience sociale déterminées. Le mode de production de la vie matérielle conditionne le processus de vie social, politique et intellectuel en général. Ce n'est pas la conscience des hommes qui détermine leur être ; c'est inversement leur être social qui détermine leur conscience (…) ». Pour K. Marx, le mouvement de la pensée n'est que la réflexion du mouvement réel, transporté et transposé dans le cerveau de l'homme. Dire que la conscience préexiste à la nature, à la matière, c'est être idéaliste. Reconnaître la nature pour principe, c'est être matérialiste. Pour les marxistes, la ligne de démarcation est absolue. En agissant, l'homme est le produit de son histoire, et en même temps son créateur : cela suppose une vision à la fois matérialiste et historico-dialectique. Selon cette démarche, si l'impact des idées est important dans les processus sociaux, elles ne jouent pas le rôle déterminant. La base fondamentale est le mode de production des biens matériels. Lucien Sève, durant les années 1970, développa une théorie de la personnalité à partir du matérialisme dialectique et historique du marxisme : la satisfaction des besoins, dès qu'elle coïncide avec la reproduction de la force de travail, apparaît comme la base naturelle et l'élément moteur de la personnalité.

Les démarches des marxistes s'apparentent à celles des sciences de la nature : elles recherchent des « lois » de développement démontrables et prédictives sur la base de concepts philosophiques, de définitions précises, de méthodes explicites, puis d'hypothèses à vérifier. Elles demandent généralement une large culture, y compris dans les sciences « dures »[11]. Elles connaissent de nos jours un regain d'intérêt : on constate une multiplication des publications diversifiées, y compris dans l'analyse de la crise écologique.

L'anthropologie contemporaine ne se réduit plus à l'étude des croyances et des modes d'organisation de clans dans des contrées lointaines, isolées ou exotiques. Les auteurs contemporains s'attachent de plus en plus à étudier les comportements collectifs de toute nature y compris dans les pays industrialisés. Cette anthropologie peut être définie comme l'étude des rapports

---

[11] K. Marx et F. Engels étudièrent particulièrement le calcul différentiel, le théorème de Taylor et de MacLaurin, la théorie de Lagrange des fonctions dérivées.

humains, parfaitement individuels, qui sont codifiés et régulés, de manière puissante et inconsciente, par chaque société locale ou nationale.

Les causes de la structuration et de la déstructuration des sociétés peuvent s'expliquer par les contraintes de l'environnement, primat de l'analyse comme le propose J. Diamond dans son célèbre ouvrage « Effondrement, comment les sociétés décident de leur disparition ou de leur survie » (Gallimard, 2005). Les succès ou les échecs d'adaptation dépendent des stratégies qu'opèrent les sociétés. Notons que F. Engels, dans « Dialectique de la nature », avait déjà décrit les effets de l'enrichissement par la destruction de la nature et dialectiquement l'appauvrissement qui s'enchaîne inéluctablement.

Un autre courant de l'anthropologie contemporaine est celui développé en France par H. Le Bras et E. Todd. Contrairement au courant marxiste qui s'appuie sur le primat des modes de production matérielle, cette démarche se concentre sur celui des structures familiales et de parenté, « instrument puissant, inconscient, invisible et silencieux de reproduction de la société »[12]. D'ailleurs en l'absence de l'État et de différenciation économique, les systèmes de parenté, eux, perdurent assurent-ils. À chacune des configurations familiales correspond un système psychologique, un style affectif. On peut se demander cependant si, en absence d'État, les structures familiales n'engendrent pas des structures économiques qui rigidifient les structures familiales, comme par exemple les clans.

« L'anthropologie est une science des rigidités mentales. Elle cherche à expliquer pourquoi le mélange des cultures ne va pas de soi. Elle veut savoir pourquoi certaines sociétés peuvent coexister sans fusionner durant des millénaires »[13].

Ce courant est proche des méthodes qualitatives (comparaisons systématiques), mais il utilise abondamment des méthodes quantitatives (essentiellement statistiques et théorie des graphes), afin de tester des hypothèses.

---

[12] Cette opposition affichée n'est pas aussi radicale : cf. l'ouvrage de F. Engels, « L'origine de la famille, de la propriété privée et de l'état ».

[13] « L'invention de la France, atlas anthropologique et politique ».

Les travaux de l'équipe de l'Université de Grenoble (P. BRÉCHON, F. GONTHIER, S. ASTOR)[14] vont dans le même sens : depuis plus de trente ans, cette équipe étudie les évolutions culturelles de Français (identités individuelles, liens sociaux, morales individuelles, normes collectives, opinions sur la famille, sens du travail, croyances religieuses, etc.). De ces vastes enquêtes, les auteurs montrent les caractères clivants des niveaux de richesse et des niveaux de formation (ce qui rejoint les travaux d'E. TODD).

III- DE L'UTILISATION DES MATHÉMATIQUES ET DES MÉTHODES QUANTITATIVES

III.1- Données massives, informations et interprétations

Une information est une interprétation de données auxquelles on donne un sens, et qui modifie nos connaissances. Une interprétation de données qui ne modifie pas nos connaissances n'est pas une information, mais une confirmation.

La qualité d'une information n'est pas obligatoirement proportionnelle au nombre de données transférées et traitées entre deux ou plusieurs individus. Dans les situations d'équipes mobilisées pour une mission, avec une solidarité forte et spontanée entre les membres, un simple signe (une donnée) peut être porteur d'une information riche et sûre. Les échanges à la cafétéria entre les membres d'une organisation quelconque apportent parfois des informations hautement plus stratégiques que ne pourraient le faire des centaines de méls échangés entre ces personnes qui se connaissent.

En revanche, dans une société fortement individualisée, un grand nombre de données doivent être échangées puis traitées afin que les personnes puissent se comprendre, afin de faire information, parfois pauvre. Dès lors, la quantité de données à collecter et leurs traitements sous diverses formes nécessitent des machines électroniques et des programmations plus ou moins

[14] La France des valeurs. Quarante ans d'évolution – PUG – 2019.

compliquées parce qu'enchevêtrées[15]. En retour, les entreprises de construction de matériels informatiques et celles de logiciels ont tout intérêt à entretenir l'individualisation des sociétés de par le monde…

Ainsi les banques de données massives (pompeusement dénommées « big data » dans la langue française) et la « numérisation » sont les signes sociaux de travaux éclatés. Cela dit, elles peuvent être des outils puissants dans les domaines de l'automatisation des outils de travail et de la production, ainsi que dans le cadre de recherches appliquées. Cependant, se contenter de l'exploitation de ces banques de données conçues par ailleurs, sans que cette conception ne soit explicitée, est largement insuffisant si, dans le domaine étudié, aucune théorie n'est appelée pour en tirer la richesse éventuelle et percevoir les limites, car elle seule a la capacité d'édicter des « lois » prédictives. L'exploitation de données obligatoirement passées demeurent descriptives d'états antérieurs, et peuvent permettre au plus des prévisions (passé extrapolé, raisonnements toutes choses égales par ailleurs, certes utiles), et non pas des prospectives. Les grandes lois en physique au XVIIe et XXe siècle, en sociologie ou en anthropologie (XIXe et XXe siècle) encore robustes de nos jours se sont contentées de peu de données, mais se sont appuyées sur des concepts philosophiques et des modélisations, souvent mathématisées, qui ont renversé le sens commun.

III.2- Utilisations des mathématiques

Les sciences humaines et sociales étudient les comportements individuels et collectifs des personnes en société. Il est fréquent d'y opposer approches qualitatives et approches quantitatives, celles-ci étant d'ailleurs généralement restreintes à l'utilisation des statistiques. Il s'agit d'un faux problème.

Regardons l'évolution du contenu du concept de nombre. Il a existé des langues qui utilisaient des termes différents pour désigner le nombre « deux » selon qu'il s'agisse de personnes, de

---

15 Ce qui correspond à l'expression anglaise francisée « intelligence artificielle ».

cases, ou de bœufs. Le spectre des activités n'était pas étendu, car peu utiles compte tenu de la richesse naturelle de l'environnement proche. Le concept de nombre n'était pas opératoire. Puis lorsque les activités se sont multipliées, les échanges cherchant à être également réciproques entre groupes humains, les nombres entiers apparurent, puis les séries de nombres entiers positifs, puis l'invention du nombre zéro et les nombres négatifs, les fractions rationnelles, les irrationalités élémentaires, l'ensemble des nombres réels, les nombres complexes. Cela avait pour avantage de saisir un éventail toujours plus large d'objets.

Le développement des mathématiques a toujours été lié aux pratiques qui ont préoccupé les sociétés tout au long de leurs histoires. La langue courante devenant insuffisamment précise, un langage spécifique s'est développé. Les mathématiques se sont intéressées aux modifications quantitatives, aux liens logiques entre les phénomènes, à leurs caractéristiques fondamentales. Ces liens logiques se sont révélés semblables entre de nombreux phénomènes que l'on pensait éloignés, du fait d'une abstraction de plus en plus élevée. Les représentations du réel ont été alors substituées par l'étude des modèles, aptes à résoudre des multitudes de problèmes particuliers. L'abstraction mathématique repose donc sur l'accumulation des connaissances et la création de concepts précis. Plus le degré d'abstraction est élevé, plus cela laisse apparaître que les idées, les méthodes et les concepts mathématiques sont séparés de la pratique alors qu'ils mettent en fait en liaison des résultats multiples et isolés en apparence. Qui pouvait penser que l'entropie des gaz (Boltzmann), la planification de moyens avec contraintes (la programmation linéaire de Kantorovitch), et le triangle de Riemann (géométrie non euclidienne) pouvaient en réalité se réduire aux mêmes concepts ? (Travaux de l'équipe de C. Villani).

Cependant, ces liaisons avec les pratiques n'expliquent pas tout : les problèmes internes des mathématiques, de l'ordre de la logique acceptée par les chercheurs, ont été aussi un ressort important du progrès. Arrivé à ce stade, elles ont permis parfois d'inverser le mouvement : devancer les besoins de la pratique, et faire découvrir des faits invisibles dans les pratiques usuelles.

Ainsi les mathématiques est le produit d'une pensée généralisatrice et classificatrice : mettre de l'ordre logique dans une masse informe d'idées par des concepts et théorèmes aptes à étudier une multitude de cas particuliers.

Il en découle que les théories aptes à prendre en compte l'aspect quantitatif de phénomènes divers offrent infiniment plus de possibilités que les théories qualitatives. Les théories quantitatives capables de traduire le réel et de le transformer, sont le signe de la maturité d'une science, y compris pour les sciences humaines.

Prenons l'exemple de la théorie matricielle en mathématiques.

Admettons qu'un groupe d'individus $\{P_1, P_2, \ldots, P_n\}$ ciblé soit mu par un ensemble d'intérêts $\{I_1, I_2, I_3, \ldots, I_k\}$, communs ou pas. Le chercheur va tenter de recenser les facteurs $\{F_1, F_2, F_3, \ldots, F_q\}$ qui génèrent ces intérêts, afin d'établir des relations neutres, en synergie ou conflictuelles entre ces acteurs.

Il faudra donc qu'il mette en relation deux à deux chaque intérêt avec chaque individu : l'intérêt I_1 touche l'individu P_1 est noté 1, 0 si ce n'est pas le cas, -1 l'individu repousse l'intérêt I_1, ou une métrique plus précise si cela est possible, etc. Il monte donc une matrice [PI] avec P1, P2, … en colonne, avec I1, I2, … en ligne : chaque personne a, n'a pas, ou repousse chaque intérêt. On peut chercher à savoir si plusieurs individus ont des comportements similaires vis-à-vis de l'ensemble des intérêts : C'est le rôle du calcul des déterminants matriciels. S'il est non nul, alors les comportements ne sont pas semblables globalement.

Le chercheur fera de même avec les relations entre les facteurs et les intérêts : montage d'une matrice [FI], puis observation pour voir si des intérêts sont ou ne sont pas influencés par les facteurs, ce par calcul du déterminant. Cela peut permettre de réduire la matrice en fusionnant deux ou plusieurs facteurs.

Ensuite, un nouveau questionnement se pose immédiatement : existe-t-il une hiérarchie entre les facteurs ? Quels sont les facteurs qui ont le plus d'influence sur les autres ? Quels sont les facteurs qui sont les plus influencés ? Pour cela il suffit d'élaborer la matrice carrée [F] mettant en relation deux à deux tous les facteurs recensés (expression algébrique d'un graphe des relations entre les facteurs), puis d'additionner les lignes, enfin les colonnes. Les sommes des premières indiqueront les facteurs les plus influents vis-à-vis de l'ensemble des autres facteurs, les sommes des secondes correspondent aux niveaux de dépendance de chaque facteur vis-à-vis de l'ensemble des autres facteurs. Sur un graphique, il suffit alors de positionner chaque facteur avec son degré d'influence et son degré de dépendance. Apparaissent alors les facteurs dominants, ceux qui sont les plus influençables, ceux qui sont des enjeux. Cela permet en même temps de trier les informations, surtout lors d'environnement hostile (informations confidentielles, informations leurres, etc.).[16]

Puis ce même chercheur se posera la question : comment les facteurs influencent les individus par l'intermédiaire des intérêts ? C'est tout simple : il suffit de multiplier la matrice [PI] par la transposée de [FI] : [PI]*Tr[FI]. Le résultat n'est évidemment valable seulement que vis-à-vis des intérêts recensés $\{I_1, I_2, I_3, \ldots, I_k\}$.

Désormais, le chercheur pourra poser toutes les hypothèses qu'il voudra : si on élimine tel facteur, alors quelles seront les modifications des comportements des individus vis-à-vis de tel ou tel intérêt ?

On voit ici que la théorie mathématique des matrices est d'un apport important dans les recherches en Sciences humaines et sociales, sciences des relations entre les humains et entre ces derniers et leurs environnements : elle permet une vision globalisante des phénomènes étudiés, mais pas seulement. En effet, elle fait surgir des conditions insoupçonnées de réalisation de tel ou tel comportement : par exemple, quel est le nombre minimal de facteurs agissants pour qu'un intérêt puisse apparaître ? La réponse est dans l'analyse des combinaisons possibles issues de la multiplication de matrices.

Cependant, la mathématisation n'est possible que si les concepts de base ont été bien définis et exclusifs les uns des autres (ici la cible des individus, ce qu'est un intérêt, ce qu'est un facteur). Sinon, les formalisations sont impossibles.

---

[16] Cf. en particulier aux travaux de Michel GODET (CNAM) sur les techniques de prospective.

On entend fréquemment : « la mathématisation des relations humaines n'est pas envisageable, c'est trop complexe ». N'est-ce pas l'aveu de concepts philosophiques insuffisamment définis, trop flous ?

Admettons-le : la clarification des concepts, philosophiquement et historiquement, est sans doute le travail le plus harassant du chercheur. La formalisation, même mathématique, est seconde.

III.3- Utilisations des statistiques

Fréquemment dans les Sciences humaines, l'information nécessite une grande quantité de données collectées à partir de variables choisies par les chercheurs, variables qui se veulent décrire un domaine d'étude donné. Outre le problème de la collecte des données, se posent généralement le classement de celles-ci, la représentation de leurs distributions, leurs interrelations éventuelles… C'est le rôle des techniques statistiques. Celles-ci se divisent en deux grands ensembles : en premier lieu la statistique descriptive de l'échantillon correspondant au champ de la collecte des données. Cette première étape est indispensable pour prendre conscience de l'importance des apports de cet échantillon en même temps que de ses limites. Les tableaux ou graphiques de distribution de chaque variable (avec les calculs de moyennes, d'écarts-types pour les variables quantitatives), les graphiques de répartition (avec la détermination des quantiles), les graphiques de concentration (avec la détermination de la médiale), les diagrammes de dispersion (avec calculs des corrélations) sont aisément automatisés, auxquels on peut ajouter, lorsque le nombre de variables avec leurs modalités sont en nombre important, les analyses multidimensionnelles (classifications hiérarchiques, analyses factorielles multiples…).

En second lieu, la statistique dite mathématique (lois de probabilité, théorie des tests, économétrie, …) est éventuellement la suite des statistiques descriptives. Pourquoi est-il nécessaire d'utiliser de telles techniques ? Parce que la collecte des données dans le domaine étudié se réalise obligatoirement en un lieu et à un instant précis. Ce n'est qu'un échantillon. Si cette collecte est réalisée avec les mêmes variables à un autre instant ou dans un autre lieu, les résultats descriptifs peuvent être peu différents, ou différents, ou très différents (surtout s'il s'agit de petits échantillons). Peut-on alors considérer qu'il existe des régularités entre les lieux et les instants, et donc que les différences plus ou moins grandes sont dues au hasard ? Ou les différences sont-elles dues au fait que les variables choisies sont incapables de saisir le réel observé ?

La danse entre la certitude et l'incertitude des interprétations est en effet le lot habituel de tout chercheur. Celles-ci sont le fruit de connaissances déjà acquises. Ce n'est que lorsque des résultats viennent les perturber avec certitude qu'ils deviennent information. Si cette étape peut s'intégrer dans une démonstration logique, alors elle peut concourir à l'élaboration d'une théorisation du domaine étudiée. Ce n'est pas la statistique qui démontre, c'est l'information que le chercheur en tire qui y contribue. La statistique montre, mais ne démontre pas les logiques des caprices et des régularités des phénomènes sociaux.

Revenons aux lois de probabilités. Celles-ci sont des idéalités qui nous servent de repères dans les phénomènes en apparence chaotiques, tout comme un cercle en mathématique, avec ses caractéristiques spécifiques, sert de référence idéale, dépouillée de caractéristiques annexes, pour la construction d'une roue ou d'un tuyau. Ces derniers ne sont en réalité jamais parfaitement circulaires du fait des multiples difficultés concrètes de construction.

Cela pose le problème de la compréhension de ce qu'est un aléa, et celui des tentatives de son contrôle. Les événements aléatoires sont des événements qui sont mus par un grand nombre de forces dont aucune n'est prépondérante de manière régulière en tout lieu et en tout instant. Si l'une ou quelques-unes de ces forces en présence deviennent prépondérantes, alors des régularités apparaissent avec certitude, entourées d'irrégularités variables engendrant de l'incertitude. Prenons l'exemple d'un tireur face à une cible circulaire. Il vise le centre. Une chose est certaine, c'est que la balle va prendre la direction de la cible, car la force de la personne domine toutes autres forces perturbatrices. Cependant, les impacts des balles sont étalés autour du centre, et non pas superposés sur celui-ci. Pourquoi ? Parce que le tireur est plus ou moins nerveux à chaque tir, la ligne de mire est difficilement réglable, l'œil rend une image plus ou moins floue selon la variabilité de la luminosité, les couches d'air entre le tireur et la cible créent des diffractions variables du fait des différences de températures au sol, le cylindre de la carabine n'est pas parfait, la balle elle-même ne l'est pas non plus (la balle ne poursuit donc pas une stricte ligne droite), des phénomènes électromagnétiques dues à une automobile qui passe à proximité lors d'un tir attirent ou repoussent la balle, etc. Le lecteur trouvera sans doute beaucoup d'autres causes. On attribuera ces perturbations au hasard. Pourtant, l'analyse de l'ensemble des écarts entre les impacts et le centre idéal de la cible montre une régularité certaine : ces distances peuvent être idéalisées, « épurées », par une loi de Rayleigh ! Si on n'est pas capable de prédire quel sera un impact, on est cependant capable de prédire l'ensemble des distributions de ces impacts ! On voit ici la puissance intellectuelle des lois de probabilités : dans un phénomène apparemment chaotique, un événement n'est sans doute pas connaissable à l'avance, mais l'ensemble des événements l'est. Dans le cas du tireur qui s'entraîne, la moyenne des distances des impacts par rapport au centre tend à diminuer du fait des expériences accumulées, et l'écart-type aussi, mais dans les mêmes proportions : c'est ce que traduit la loi de Rayleigh dont la caractéristique essentielle est que le rapport écart-type/moyenne est constant. En s'entraînant, la dispersion des impacts autour du centre de la cible se réduit, mais de manière asymptotique : les effets des aléas sont amoindris, mais sont toujours présents.

Les idéalités des lois de probabilités peuvent nous apporter aussi de véritables informations, pour démonter des croyances. La plupart de ces lois généralement enseignées sont dites « simples », car elles prennent comme principe que les événements, à partir desquels les calculs probabilistes sont réalisés, sont indépendants les uns des autres. Par exemple, on peut admettre que, chaque jour de l'année, les entrées des femmes venant accoucher dans une maternité sont indépendantes les unes des autres. Il arrive parfois que la distribution de ces entrées sur une année[17] suit l'idéalité de la loi de Poisson par exemple, loi « simple », et confirme ce que l'on a admis au départ, l'indépendance des événements. Cependant, c'est rarement le cas : les distributions des entrées journalières sur une année ne peuvent être idéalisées par aucune loi « simple » connue. En revanche, elles peuvent être représentées par des lois « agrégatives » qui, elles, admettent la non-indépendance des événements : les femmes viennent accouchées par « groupe » (probabilités du nombre de « groupes », avec probabilités du nombre d'entrées par « groupe »). L'hypothèse de départ est donc fausse. C'est ce que montrent aussi les séries chronologiques : hausse récurrente des entrées en mai et en septembre. Donc il y a un lien entre les entrées. Des Sages-Femmes croient obstinément que les pleines lunes en sont à l'origine. Mais celles-ci sont régulières tout le long de chaque année, même si celles de mai/juin et de septembre correspondent aux marées d'équinoxe. En réalité, c'est la vie sociale qui en est la cause : planification des naissances avant les beaux jours des congés d'été, affres joyeuses des fêtes de fin d'année. Nous sommes là en pleines Sciences humaines, pas dans la technique statistique. Il arrive parfois que des technocrates d'envergure modeste, ou par intérêt, veulent résolument lisser le réel social vers l'idéalité (ici nombre de lits ne prenant pas en compte les variations saisonnières) au nom d'une simplification de l'organisation, qui deviendrait conséquemment plus rentable. En réalité, les débordements inévitables deviendraient alors très onéreux.

Revenons sur la série chronologique des entrées en maternité, avec ses variations saisonnières. On peut objecter, avec raison, que les pics récurrents de mai/juin sont le fait d'entrées par groupe, pics considérés comme tels parce que, par comparaison, durant les autres mois de l'année, l'hypothèse des entrées indépendantes est admise. Scindons les moments des pics d'entrées des autres mois de l'année : on étudie la loi des entrées des premiers, puis celle des seconds. Alors on ne peut plus considérer que les entrées des mois de mai/juin sont dépendantes

---

[17] Nombre de jours dans l'année où il y a eu 0 entrée, 1 entrée, deux entrées, etc.

les unes des autres : les lois d'ajustement doivent être « simples » dans les deux cas. Il est important de choisir entre la méthode annuelle et la celle du découpage chronologique pour aider à la décision dans la gestion des lits.

IV- LE DEVOIR DE TOUT CHERCHEUR : PRENDRE EN COMPTE LE CONTEXTE GÉOSTRATÉGIQUE DE SES TRAVAUX

IV.1- L'enjeu civilisationnel du système Recherche-Innovation-Production

Comme nous l'avons vu, la recherche fondamentale, l'application de la recherche, la R&D, sont liées de manière systémique. Elles forment un tout indissociable qui, une fois organisé socialement par l'État et les organisations productives, est à l'origine de la productivité globale. Celle-ci est primordiale pour le développement des sociétés, en termes de niveaux de vie, de développement culturel, et aussi de persuasion[18] en cas de conflit potentiel avec un autre pays.

La politique de la recherche et de l'innovation est donc indissociable de la réflexion sur le contenu et la dynamique de notre civilisation et sur la géostratégie contemporaine.

Si, sur un territoire donné (région, Nation, ...), se crée une disjonction entre les formes de la recherche (RF, AR, R&D) d'une part, entre la recherche et la production d'autre part – ou affaiblissement durable de l'un des maillons – l'appauvrissement général est enclenché : régression sociale et culturelle (celle-ci étant alors quasiment détournée vers le folklore pour touristes internationaux), sous-développement régional ou national.

L'originalité de l'innovation repose sur les valeurs culturelles d'un peuple et des moyens matériels spécifiques qu'il a su formater. L'approfondissement simultané des valeurs et des

---

[18] La persuasion consiste à imposer à l'adversaire de ne pas agresser et de ne pas entraver les options stratégiques choisies. C'est la stratégie du fort vis-à-vis du faible. La persuasion s'oppose à la dissuasion, stratégie du faible vis-à-vis du fort. Les productivités relatives d'une organisation par rapport à une autre, ou entre des Nations, mesurent les rapports des forces effectifs.

moyens ad hoc est la garantie d'une protection naturelle contre le déclin et les conflits internes et externes. Il est en effet extrêmement difficile de recopier *a brupto* un produit ou un service nouveau sans une connaissance implicite ou explicite complète des valeurs culturelles qui en ont sous-tendu la conception. C'est la raison pour laquelle il n'est pas simple de faire travailler ensemble des chercheurs aux cultures différentes, surtout en R&D. L'union ne fait pas toujours la force. C'est un dogme. L'exemple de la conception et de la construction du 787 Dreamliner de Boeing en est un exemple typique. La sous-traitance internationale est poussée plus loin que jamais : des chercheurs développeurs de plus de dix pays sont concernés (70 % des parties de l'appareil). La qualité et les méthodes de travail ne sont pas aisées à articuler dans le processus général. Cet avion n'arrive toujours pas à voler !

Nous l'avons écrit, le niveau qualitatif de la production dépend de celui de la recherche nationale. Cependant, concrètement ce sont l'agriculture et l'industrie seules qui créent la valeur ajoutée. Celle-ci est ensuite distribuée vers les services, le budget d'État et les collectivités locales. Il en découle directement que la perte de secteurs industriels affaiblit le secteur des services, l'ensemble entraînant dans une spirale régressive les différentes formes de la recherche. En France, les chercheurs qui ne revendiquent que des moyens financiers supplémentaires se trompent de cible : c'est la reconquête industrielle et le contrôle des organisations productives qui devraient être leur credo, même si le but de la recherche sert à approfondir les connaissances et à les transmettre sans s'occuper des finalités industrielles.

Lorsque la R&D et l'innovation sont absentes dans une organisation productive, publique comme privée, le niveau technologique des produits et services s'enlise. Ceux-ci deviennent de moins en moins compétitifs. Dès lors, les seules manettes qui lui restent dans un environnement sans barrières douanières ou réglementaires est la lutte incessante contre « les coûts », et en premier lieu la masse salariale. Il en découle que les unités de production deviennent volatiles, sautant d'une région à une autre selon les niveaux de « coûts », cette mobilité des outils de production étant aisé du fait de leur forte flexibilité.

IV.2- Sciences et idéologies

Il y aurait long à dire sur les rapports qu'entretiennent la Science et l'idéologie.

Personne n'échappe au fait que l'on s'inscrit toujours dans un système de valeurs culturelles (nombre de valeurs impliqué dans une action, synergies et contradictions vécues entre ces mêmes valeurs), à la hiérarchie de ces valeurs à un moment donné (certaines plus importantes que d'autres), aux jugements positifs et négatifs que chaque valeur porte aux actions menées ou projetées. Les valeurs culturelles formatent les conceptions de celles-ci consciemment et plus fréquemment inconsciemment. Il en découle que, alors que la Science se doit être globalisante (les recherches singulières s'intègrent ou révolutionnent une vision qui se veut explicitement globalisante), l'idéologie réduit les pensées dans un horizon fermé. C'est d'ailleurs l'objectif premier de la propagande : faire en sorte que le dominé ait une vision plus tronquée du réel que celle du dominant, afin qu'il devienne autogestionnaire de sa propre soumission. Nous avons montré précédemment les sorts mortifères de grands savants qui, face aux dogmes religieux, ont diffusé leurs découvertes sur l'héliocentrisme. Sous d'autres formes, ce combat est toujours d'actualité : les chercheurs qui se sont opposés par conviction scientifique, preuve à l'appui, à l'application des DRG américains (dénommés Groupes Homogènes de Malades en France en vue d'établir une tarification – cf. chapitre IV) ont tous été marginalisés sous pression directe du ministère de la Santé.

L'exemple des OGM est typique : les recherches dans ces domaines ont des implications dans de très nombreux secteurs, y compris sur le plan médical. Cependant, une utilisation perverse, pour des raisons de simple rentabilité financière court termiste, a conduit à des volontés de stratégies de domination sur la paysannerie dans le monde. Des réactions ont eu lieu partout face aux dangers des applications des OGM dans le domaine agricole et surtout face à l'élimination de la petite paysannerie. En retour cela a lancé l'opprobre sur l'ensemble des recherches et des chercheurs dans ce domaine.

Un autre exemple typique : l'énergie nucléaire. L'utilisation des propriétés de l'atome pour produire de l'énergie est de très de loin la plus productive par rapport aux autres sources d'énergie (pétrole, gaz, éolien, solaire...). Elle induit évidemment une surveillance de la qualité des installations, des matériaux utilisés, et des formations scientifiques de haut niveau des personnels. Les catastrophes de Long Island aux États-Unis d'Amérique, celle de Tchernobyl en URSS, puis celle de Fukushima au Japon ont fait converger des forces puissantes contre l'énergie d'origine nucléaire... mais guère sur les défauts d'organisation qui en sont dans ces trois cas à l'origine[19]. D'où des pressions politiques en tous genres de la part de ceux qui n'ont pas intérêt à la concurrence du nucléaire dans la production de l'électricité, et des puissances qui veulent réduire l'autonomie énergétique d'un pays cible. Elles ont focalisé leurs attaques vers le nucléaire lui-même et non pas sur les responsabilités de ceux qui ont choisi par intérêt la réduction du maintien de la vigilance ou à démanteler les équipes compétentes stables. Le savant montre la lune, l'idiot regarde le doigt.

Toutefois, la Science et ses technologies avancent, les idéologies doivent s'y adapter. Prenons un exemple : celui du terme « innovation », terme très couru aujourd'hui. Sans doute le lecteur attentif a-t-il perçu un ressenti de flou lorsque nous avons abordé le processus d'innovation dans le chapitre précédent. En effet ce terme est ambigu. Il fut popularisé au XXe siècle dans les années 70, et on le liait à celui de progrès. Puis, au moment des crises après les « trente glorieuses » et afin de faire accepter le ralentissement économique brutal, une campagne idéologique se développa dénonçant la notion de progrès (dont des auteurs comme ELLUL ou JONAS furent les porte-drapeaux). Pour forcer le trait, en 1992, la menace environnementale est mystifiée : un horizon à jamais sombre est ainsi justifié. Exit l'idée même de progrès. Dans ce cadre, l'innovation n'est plus un moyen d'un avenir maîtrisé, mais celui seulement probablement capable de parer éventuellement aux catastrophes annoncées. Une conception défensive et non offensive de l'innovation.

Une autre déviation idéologique est celle en la croyance au savant, à sa pseudo connaissance universelle, seule apte à diriger une entreprise de haute technologie ou un pays. En réalité les vastes connaissances structurées d'un chercheur ne concernent que son

---

[19] Cf. la science du danger, ou cindynique, page 37.

domaine d'investigation. Au-delà, il est un citoyen comme un autre. Il n'y a aucune raison qu'un ouvrier élu au suffrage universel, souvent avec une forte connaissance des relations humaines dans le cadre de son expérience syndicale et politique, soit moins apte à diriger. L'exemple de la firme américaine Lucent est exemplaire de l'excès de pouvoir des chercheurs dans une organisation. Cette entreprise regroupait 25 000 chercheurs dont 6 prix Nobel, avait déposé plus de 32 000 brevets, l'objectif étant de créer des innovations radicales conçues comme des relais de croissance. Souvent trop en avance sur leur temps, ces innovations radicales s'avérèrent trop rapides et peu rentables. Du coup, afin d'éliminer les pouvoirs jugés excessifs des chercheurs, ce qui freinait la rentabilité du capital, les principaux actionnaires décidèrent de la mettre en déficit, de la vendre à l'entreprise française Alcatel. Celle-ci dût s'endetter auprès de la banque d'affaires Goldman Sachs. Pour rembourser ses dettes, la direction d'Alcatel décida de vendre certaines filiales, fleuron de l'industrie de haute technologie française : Alsthom, Alcatel-Câble, puis 25 % de sa participation dans Thalès, le tout avec licenciement de 10 000 agents dont 4 000 en Europe. Pendant ce temps, les principaux actionnaires de Lucent développèrent une autre firme, Cisco, devenu leader mondial. Emmanuel VALLS, alors premier ministre, décida de choisir Cisco pour organiser toute la sécurité cybernétique française, alors que les compétences existaient en France, dans Thales en particulier… La stratégie des dirigeants de Cisco pour éliminer les pouvoirs des chercheurs fut la suivante : multiples achats de start-up fondés par des jeunes chercheurs, avec l'aide de l'État. Ces derniers se retrouvent donc à l'extérieur de l'entreprise, à la merci de la demande du management de Cisco.

V- RECHERCHE : CONDITIONS D'EXISTENCE ET ORGANISATION

V.1- Les formes de créativité

Comment surgissent les idées créatrices ? On distingue généralement quatre formes qui dans la pratique parfois s'entremêlent :

-l'analogie : On ne sait pas quel est le fonctionnement interne d'un phénomène, mais on imagine que l'on peut le représenter par un mouvement observable quotidiennement ou déjà bien connu. Un ruisseau s'écoule du haut vers le bas naturellement (l'inverse est impossible), et l'ampleur du dénivelé explique la vitesse du courant. De nombreux obstacles rocheux dans son lit freinent la vitesse du flux d'eau, et inversement un lit lisse laisse filer librement le liquide. Le courant électrique dans un fil métallique a copié les lois naturelles qui régissent l'écoulement du ruisseau : le potentiel électrique correspond au dénivelé, et plus la densité des atomes est forte dans le fil, plus le flux des électrons est freiné, et inversement. Lors des premiers travaux scientifiques sur l'électricité, on ne connaissait pas les caractéristiques de l'atome. On nomma alors le fait que l'électricité coulait plus ou moins vite selon le type de fil métallique par le terme plutôt abstrait de « résistance », faute de mieux. Cette vision analogique s'avéra très efficace. Sadi Carnot prit aussi les chutes d'eau pour fonder la thermodynamique. Un autre exemple est celui de l'atome : l'analogie porte sur le mouvement déjà bien connu des planètes autour d'une étoile. La macroéconomie s'est inspirée du circuit sanguin de l'homme, avec en son cœur les relations entre les couches sociales d'un pays donné, et comme régulateur le gouvernement avec son moyen essentiel, l'État (d'ailleurs, François Quesnay, premier concepteur de cette discipline, fut médecin du roi Louis XV). Cependant, l'analogie est un pis-aller. La recherche de concepts et modèles intrinsèques au phénomène que l'on étudie doit être mise en œuvre. Dans le cas de l'atome, les lois qui régissent les mouvements des planètes sont-elles vraiment correctes au niveau microscopique ? La physique quantique a complètement modifié la vision de l'atome.

- l'essai-erreur : L'étude d'un phénomène inconnu ne fait pas apparaître de modèles explicatifs pertinents, même par analogies. La seule solution est alors de multiplier des tests plus ou moins grossiers au départ (par exemple des enquêtes) dont on sait qu'ils ne révéleront pas en forte probabilité le processus réel de ce phénomène. Cependant l'analyse de ces échecs fait apparaître ce qu'il n'est pas, et *a contrario* permet de mieux le circonscrire, et de là de découvrir de nouveaux concepts. Ces derniers peuvent faire imaginer des modèles théoriques pertinents.

- l'analyse philosophique et historique du domaine étudié (dite encore la « compréhension pénétrante ») : Il s'agit en général d'un phénomène qui a connu des développements depuis longtemps, mais dont les explications et la modélisation ne suffisent plus de nos jours. Dans cette situation, on réexamine les concepts d'origine pour les corriger ou les modifier radicalement. L'imagination y joue un grand rôle, car elle devient primordiale lorsqu'il s'agit d'élaborer une théorie, de forger des hypothèses qu'il faut confronter à l'expérimentation. Les grandes ruptures révolutionnaires scientifiques proviennent de ce type de démarche.

- la sérendipité : terme couramment utilisé pour désigner une découverte due à un hasard heureux, ou à des faits intrigants qui ne correspondent pas aux modèles généralement admis, poussant ainsi à élaborer des hypothèses nouvelles. Ce fut le cas bien connu de la pénicilline par Fleming, de la transformation des rayons solaires en énergie électrique (photovoltaïque), du caoutchouc synthétique, du four à micro-ondes, etc. La sérendipité est souvent revendiquée par les chercheurs qui refusent que leurs travaux soient entièrement dirigés vers des finalités imposées.

V.2- Les conditions de la créativité

La condition fondamentale de la créativité est la liberté de pensée et d'actions.

Le contrôle hiérarchique signe sa mort. Celui-ci est évidemment nécessaire lorsque l'on passe de la stratégie à la tactique, surtout dans un environnement hostile : l'objectif doit être fermement maintenu, les normes et procédures appliquées strictement. Il en est de même lorsque l'on cherche à mobiliser une équipe : cela passe obligatoirement par un consensus vis-à-vis des missions ou des objectifs assignés, ainsi que des modes de travail communs. L'individu créatif n'ose plus, ou difficilement, s'opposer à la doxa. C'est la raison pour laquelle il est préférable de concevoir un service d'études et de recherche à part, indépendant de la hiérarchie traditionnelle dans les organisations productives, mais directement rattaché à la direction générale.

La créativité est affectée par un niveau de stress trop élevé ou par l'assignation de tâches arbitraires. Notons au passage que cela peut être une stratégie délibérée de la part de dirigeants d'une entreprise ou d'un État face à des concurrents ou des ennemis plus créatifs afin de les affaiblir durablement.

Le manque de congruence des travaux des chercheurs avec la stratégie générale de la direction de l'organisation est aussi un frein à la créativité. En effet, de nouvelles découvertes ou des nouveaux produits révolutionnaires portés par les chercheurs ne peuvent pas être aisément incorporés dans les programmes en cours d'investissements lourds, ou être trop en avance par rapport au niveau d'acceptation de la population. Un exemple est celui de la firme Lucent, cité plus haut.

Comment encourager les personnels à la créativité ? De nombreuses méthodes ont été proposées, sans qu'aucune ne soit réellement convaincante en toutes circonstances. Les plus célèbres sont « l'analyse de la valeur » ou le « brainstorming ». La première, à l'expression trompeuse en français, appréhende tout le processus intrants, production, commercialisation, satisfaction de la clientèle, de façon à révéler les défauts techniques, les systèmes d'organisation qui freinent les processus, etc. Il s'agit de s'interroger en permanence sur la pertinence de l'organisation globale et d'éviter de s'enfoncer dans la routine. La seconde méthode consiste à réunir des experts de l'entreprise et de l'extérieur afin de résoudre un problème particulier, puis de tenter de trouver des solutions de manière novatrice. La condition de la réussite est que s'installe une confiance entre les membres du groupe, ce qui exige une non-hiérarchie ou une non-concurrence entre eux. Cette dernière condition n'est guère remplie dans les organisations fortement financiarisées.

Selon nous, la meilleure méthode de créativité est de se cultiver dans tous domaines, ne pas hésiter à lire les ouvrages et revues de philosophie et d'histoire des sciences, des revues scientifiques généralistes, d'approfondir les techniques d'investigation du champ de recherche (en particulier la mathématique)… L'expérience montre sans conteste que ceux qui ont une bonne connaissance de la philosophie et de l'histoire des sciences sont ceux qui sont les plus rapides et les plus révolutionnaires dans la résolution de problèmes fondamentaux.

V.3- Organisation de la recherche et de l'innovation

La recherche fondamentale, c'est-à-dire la recherche de concepts d'ordre philosophique et de modèles afférents à caractère général, n'est pas lié à un domaine spécifique. Ce n'est pas le cas de l'application de la recherche et de la R&D dont la mission est de solutionner des problèmes précis, liés au produit ou service qui doit satisfaire un besoin particulier concret, ou au procédé de fabrication, ou même à l'organisation.

Les origines de l'innovation peuvent aussi bien provenir des chercheurs, ou des clients, ou des fournisseurs, ou des salariés de l'entreprise. Cependant, le type d'innovation est fortement dépendant de la position des acteurs.

À partir des théories et modèles, le chercheur aura tendance à proposer des applications de rupture par rapport à ce qui est procuré habituellement sur le marché. Le passage du disque vinyle à la bande magnétique, puis à la « galette » informatique (disque dur à accès direct) ne peut provenir que du cerveau du chercheur.

Le client a plutôt tendance à faire évoluer le design du produit ou des services. Il s'agit alors de la R&D d'adaptation. Le fournisseur a tout intérêt à proposer des nouveaux process efficients : la simplification des tâches et la diminution des coûts unitaires grâce aux technologies nouvelles sont en général les arguments les plus avancés. Quant aux salariés, ils sont souvent sous-estimés dans leur capacité d'innovation par la hiérarchie. Elle est pourtant précieuse pour les propositions d'amélioration de l'utilisation des outils de production, et encore plus fréquemment dans celles touchant le type d'organisation de l'équipe, du processus de production, de la commercialisation, de manière incrémentale. La condition fondamentale est que règne une ambiance de grande confiance, ce qui n'est pas le cas dans les entreprises financiarisées par du capital dit international, c'est-à-dire pour l'essentiel anglo-saxon.

L'organisation d'une équipe de chercheurs est complexe du fait de la nécessité d'une hiérarchie minimale et des personnalités particulières les plus créatives. Le responsable se pose toujours les questions suivantes : quelle unité de rattachement ? Comment répartir les chercheurs ? Quelle taille donner aux équipes ? Comment éviter une rotation trop importante des personnels ? Comment organiser le croisement spécialités / transversalités des projets ? Comment organiser les collaborations extérieures tout en maintenant un minimum de sécurité ? Sur quels critères reposer la qualité des résultats ? Par audit interne ou externe ? Comment sélectionner les projets prioritaires exigés par la direction générale sans pour autant frustrer des chercheurs ?

Cela dit, la plupart des recherches et innovations n'aboutissent pas à des succès commerciaux. On compte dans l'industrie un succès pour 540 idées dûment répertoriées. Un esprit simplement comptable ou gestionnaire exigerait de réduire la production d'idées toujours coûteuse pour en accroître le « rendement ». Grave erreur. Le vrai raisonnement est inverse : pour engranger en probabilité deux succès commerciaux, il faut déposer au moins 1080 idées. L'inventivité doit être encouragée à tous les étages de la hiérarchie. Les raisons des déboires ne sont pas dues à des produits techniquement déficients (environ 15 % des échecs), mais plutôt à des analyses erronées du marché (produit unique dans un marché inexistant, pâles copies, commercialisation simultanée par un concurrent, guerre des prix, ou même ignorance de l'environnement réglementaire…). Le marketing n'est pas encore une science exacte, tant le marché est complexe.

C'est la raison pour laquelle les idées les plus prometteuses et les nouveaux produits ou services doivent être légalement protégés. En France, l'Institut nationale de la protection industrielle (INPI) se charge de cette protection indispensable après dépôt officiel du projet ou du produit / service auprès de cet organisme. Sinon, seule l'organisation interne de l'entreprise se doit de protéger la confidentialité, ce qui est toujours compliqué du fait du nombre de personnes impliquées.

V.4- Le financement de la recherche et de l'innovation

En France, contrairement à la plupart des pays anglo-saxons, c'est l'État qui finance la plus grande partie de la recherche et de l'innovation. Les Entreprises globalement y contribuent relativement peu. Il s'agit d'aides directes de l'État et des collectivités locales, ou indirectes auprès des entreprises françaises et étrangères implantées dans le pays (comptabilisation des frais de recherche dans les immobilisations des actifs des bilans, le très important crédit impôt-recherche, fonds d'amorçage des recherches, etc.). En réalité, ces fonds indirects se sont avérés peu efficaces, servant dans beaucoup de cas à accroître les bénéfices nets ou à combler les déficits de petites et moyennes entreprises.

Les grands perdants des réformes néolibérales des années 2000 sont les chercheurs français des institutions publiques (Universitaires, Instituts de Recherche tels le CNRS ou l'INSERM), du fait des transferts des budgets vers les aides indirectes aux entreprises, ainsi que la R&D des grandes entreprises françaises privatisées, la plupart aujourd'hui sous contrôle américain.

Dans les pays anglo-saxons, en particulier aux États-Unis d'Amérique, l'organisation globale en trois étapes de l'innovation radicale peut être résumée de la manière suivante :

- l'exploration : grandes universités, grandes entreprises, laboratoires de recherche financés par les grandes firmes. Ces institutions « achètent » un grand nombre de chercheurs étrangers attirés par les importants moyens mis à leur disposition.

- la transition : création d'une multitude de start-ups soutenues par des transiteurs (société de capital-risque pour le financement, cabinets d'avocats, cabinets de conseil en marketing, en production, en recrutement, des banques d'affaires pour préparer leurs rachats par les grandes firmes internationales).

- l'exploitation : croissance autonome par introduction en bourse des start-ups (NASDAQ) les plus financièrement rentables (comme ce fut le cas d'Intel, de Google, d'eBay, ...), ou stratégie d'absorption de start-up ayant atteint leur limite propre de financement de leur croissance (stratégies adoptées par Cisco, Paypal, Microsoft, etc.).

En réalité, aux États-Unis d'Amérique, les financements les plus importants des programmes de recherches fondamentales et appliquées proviennent de fonds d'institutions militaro-industrielles (la DARPA) du fait de la stratégie de domination mondiale des gouvernements américains successifs. Cela a pour effet dans les pays industriels soumis à orienter leur politique de recherche vers « l'international », c'est-à-dire vers les besoins des États-Unis d'Amérique, délaissant les nécessités nationales.

VI- EXEMPLE DE SUCCÈS ET DE DÉBOIRES DE RECHERCHES DANS LE DOMAINE DES ORGANISATIONS SANITAIRES (cas d'une équipe de recherche)

Ce que nous allons décrire ici est un exemple de démarche de recherches dans le domaine de la gestion des organisations sanitaires par une équipe de chercheurs, qui a tenté de suivre les leçons que nous ont indiquées la philosophie et l'histoire des sciences. Mais elle ne se veut pas exemplaire ! Il s'agit d'une illustration suffisamment complète, mêlant recherche fondamentale, application de la recherche, R&D avec des applications concrètes dans la gestion des unités de soins hospitaliers constituant un ensemble d'innovations, avec ses doutes, ses erreurs, ses succès. On remarquera cependant la similitude des effets de ces recherches dans l'acceptation ou non des résultats dans le corps social, y compris dans ses aspects répressifs, avec ce que nous enseigne l'histoire des sciences.

VI.1- Un pilotage par l'aval improductif

Durant les années mille neuf cent quatre-vingt du XXe siècle, les gouvernements successifs, en France comme dans l'Union européenne, se sont attachés à freiner les dépenses sanitaires, en particulier les dépenses hospitalières publiques, qui augmentaient plus vite que le PIB en cours de stagnation. Ou, pour le dire autrement, un PIB qui ne croissait pas assez rapidement du fait d'un contexte géostratégique tendu.

Il y avait donc une volonté politique de juguler le pouvoir médical dans les organisations hospitalières, car celui-ci était, et est encore de nos jours, considéré comme à l'origine des « dérapages » budgétaires. Comment s'y prendre politiquement ? L'idée des décideurs fut de trouver une méthode « scientifique » (car la médecine est considérée comme scientifique) qui lie la nosologie médicale et les coûts hospitaliers (finalement à partir de la « nosologie » comptable), autrement dit unir la carpe et le lapin afin de faire mordre les gros poissons. Des budgets importants furent dégagés pour réaliser des recherches, ou plutôt des études, allant dans ce sens.

Sur le plan théorique, il était pourtant évident que cela était voué à l'échec pour plusieurs raisons cumulées.

La nosologie médicale a pour méthode, très cartésienne, de créer des classements dans le chaos des situations morbides afin de fournir des points de repère de diagnostics pour les pratiques du corps médical. Elle se modifie régulièrement sous l'effet des recherches fondamentales et appliquées, puis des fruits de la R&D incrémentale. Les organes physiques, leurs fonctionnements, leurs interactions font l'objet de descriptions précises, ainsi que, en psychiatrie, les comportements considérés comme atypiques dans une période historique donnée. Par ailleurs, les classements comptables des dépenses réalisées expriment en même temps deux réalités : les quantités de moyens utilisés par les acteurs internes, et les rapports des forces avec les acteurs externes sous son aspect prix (tout prix, d'achat et de vente, en est la sanction financière). Conceptuellement, on ne voit pas comment deux types de classements générés dans des sphères différentes (processus morbides, rapports sociaux) peuvent avoir un lien direct, sauf si l'on considère que processus morbides et pratiques médicales et de soins peuvent être confondus, ce qui n'est pas le cas. Par exemple, aux processus morbides de la lithiase biliaire ne correspondent pas des pratiques médicales identiques, car celles-ci sont dépendantes des conceptions du soin, des moyens en place, de leur disposition au moment du soin, des diverses compétences et savoir-faire des agents de soins. Par ailleurs, les frontières de chaque processus morbide de la nosologie médicale sont rarement précises, comme c'est souvent le cas dans tous les domaines lors d'essais de classement de processus complexes. De même, la « nosologie » comptable ne classe pas les dépenses de manière claire, ne serait-ce parce qu'elle agrège des dépenses particulières dans un compte donnant un sens général à celles-ci.

Les confusions de l'approche empirique des coûts hospitaliers par les « groupes homogènes de malades »[20]

Les groupes homogènes de diagnostics (DRG en anglais, GHM en français) reposent sur deux postulats :

1. Les patients atteints des mêmes maladies – ou des maladies similaires – représentent les mêmes entités cliniques, quitte à préciser le contexte perturbateur de ces maladies ;

2. À chacune de ces entités cliniques correspondent des dépenses hospitalières similaires.

Donc, à des groupes de patients de même profil médical correspondent des dépenses typées[21] : « Les groupes furent formés pour être cliniquement cohérents en ce sens qu'on attendait d'eux qu'ils traduisent la gamme des réponses cliniques dans un même moule d'utilisation des ressources. Par conséquent, on s'attend à ce que les consommations ordonnancées par un médecin soient identiques pour tous les malades d'un groupe donné ».

La traduction pratique des problèmes soulevés et des postulats avait nécessité de prendre en compte certaines contraintes :

1. Afin de comparer les dépenses des hôpitaux entre eux, il fallait créer des groupes dont l'homogénéité soit indépendante d'une organisation hospitalière : d'où la nécessité d'un échantillon de patients représentatifs sur le plan national.

[20] Extrait de « Le contrôle de Gestion des Unités de Soins Hospitaliers »- J-P ESCAFFRE- Economica – 2008.

[21] R.B. FETTER et alii – DRGS: how they evolued and are changing the way hospitals are managed- Pathologist Vol XXXIX n°6-June 1985.

2. Il fallait utiliser le système d'information existant : les diagnostics, les procédures thérapeutiques, les âges des patients, les modes de sortie étaient les caractéristiques individuelles les plus couramment communes à tous les hôpitaux : faute de mieux, les durées de séjour sont considérées comme la mesure des consommations hospitalières.

3. Pour que le système soit viable, il fallait déboucher sur un nombre gérable de groupes exhaustifs et exclusifs.

4. Sachant que dans les services de dégagement (long séjour), la maladie n'est pas, ou peu, l'élément central de la prise en charge, le système n'est conçu que pour les services d'aigus (court séjour).

Sur la base de ces principes et contraintes, la technique employée peut se résumer ainsi :

1. À partir d'un échantillon de 1 800 000 dossiers hospitaliers, ont été collectées les informations suivantes : le diagnostic principal à la sortie, les procédures thérapeutiques (chirurgicales et médicales), l'âge, les complications et les comorbidités, les modes de sortie (au domicile, transfert, décès, sortie contre avis médical), et enfin les durées de séjour.

2. On considère que les durées de séjour sont avant tout fonction de ces diagnostics : cependant, les autres variables sont des éléments perturbateurs et ont un impact déterminant sur les durées de séjour (dont on rappelle qu'elles représentent, pour FETTER, l'utilisation des ressources hospitalières). D'où la technique de groupage à double détente suivante :

a. Les diagnostics principaux à la sortie sont regroupés en 23 catégories majeures (CMD), par appareil physiologique (validation par experts),

b. Chacune de ces CMD a été subdivisée en groupes terminaux (DRG) de la manière suivante :

- Tout d'abord, chaque CMD est divisée en deux catégories, selon qu'il y a une procédure chirurgicale ou pas ;

- Pour chaque catégorie de chaque CMD, on met statistiquement en relation les durées de séjour (variable dépendante) avec l'âge (inférieur ou supérieur à 70 ans), les types de complications et de comorbidités, éventuellement les modes de sortie, à l'aide d'un algorithme (Auto GRP) qui recherche parmi ces variables indépendantes celle qui a le coefficient de détermination le plus important, puis crée des groupes dont les moyennes de durées de séjour sont significativement différentes (avec des effectifs fixés obligatoirement supérieurs à 100).

- Puis, pour chaque groupe statistiquement déterminé, on recherche une signification et une cohérence médicale, certains groupes pouvant être scindés ou au contraire réunis.

Par approches concomitantes et successives des démarches statistiques et médicales, on aboutit aux groupes terminaux. Ces groupes sont considérés comme homogènes à la fois du point de vue de la consommation hospitalière et de celui de la signification médicale. Par conséquent, selon ce schéma, on peut établir un lien direct entre les nosologies médicales et les conséquences financières pour l'hôpital. Cela signifie aussi *a contrario* que toute variation de cette consommation (c'est-à-dire de durées de séjour) à l'intérieur de chaque DRG est due à des facteurs non cliniques (structure de l'hôpital, stratégies des médecins, caractéristiques « incontrôlables » des patients...). Ces groupes qui veulent traduire les combinaisons particulières de comportements des médecins et de durées de séjour, sont les « case-mix », produits finals du système hospitalier, que l'on peut tarifer désormais à chaque hôpital, quelle qu'en soient ses caractéristiques.

Les principes et les choix du système Fetter appellent plusieurs commentaires :

1. Les auteurs partent du principe que l'hôpital est une entreprise qui fabrique des produits. Les théories économiques nous démontrent que les coûts dans une entreprise sont fonction de la combinaison spécifique capital et travail de celle-ci. Or, l'approche Fetter saute directement de l'entreprise au secteur économique auquel celle-ci appartient, c'est-à-dire le système hospitalier. Autrement dit, dès le départ, elle nie d'emblée les rapports spécifiques du capital/travail et les renvoie... aux résidus des « facteurs non cliniques » ! Or, ceci est économiquement contradictoire : les

facteurs cliniques font aussi partie des combinaisons capital-travail, et la recherche de ces facteurs cliniques « purs », par l'intermédiaire d'une approche globale, nous paraît irréaliste : plus on globalise, plus la probabilité d'intégrer des hétérogénéités grandit… ce qui risque d'aboutir au fait que les résidus non cliniques deviennent beaucoup plus importants que les « facteurs cliniques ». Et c'est bien ce qui se passe, comme nous allons le voir plus loin.

2. Les deux postulats partent du principe qu'à une structure de pathologie correspond une structure d'entités cliniques, et qu'à celles-ci se colle une structure des coûts. La pathologie (ou agrégat de pathologies) est donc considérée comme la cause du déclenchement des coûts. Ceci est en fait confondre cause chronologique et cause fondamentale, comme nous l'a appris l'épistémologie européenne depuis des lustres : comment un concept médical, la pathologie, peut-il être en relation avec un concept d'une tout autre sphère scientifique, d'ordre économique, tel le coût ? Comment la pathologie, qui est de l'ordre de l'individuel, de l'unité, peut-elle avoir un rapport avec un coût, de l'ordre éminemment social, de l'ensemble ? Le coût, et derrière la valeur, est le résultat des combinaisons des facteurs de travail et de capital, et les valeurs de ces derniers sont indépendantes du type d'activité, car déterminées socialement. Remarquons au passage l'inversion des calculs des coûts par rapport à la logique habituelle, due à la confusion chronologie/fondamental : le coût est déterminé par rapport à l'initial, la pathologie, et non pas par rapport à un produit final. C'est comme si l'on prétendait que le besoin individuel de déplacement induisait les coûts de transport, ou que le classement périodique des éléments permettait d'inférer les coûts des produits chimiques !

3. L'affectation d'un patient à un GHM s'effectue à la fin de son séjour à l'hôpital, à la fin d'une durée. Or, d'un côté, les GHM sont considérés comme une structure stable dans le temps et par conséquent s'utilisent comme références, et d'un autre côté le patient particulier suit son histoire singulière, passant de service en service, de médecine en chirurgie, d'une pathologie à une autre avec une pathologie

secondaire associée qui se transforme en pathologie principale, etc. Ce formidable télescopage entre l'instant et la durée, entre la structure et l'individu, entre l'ensemble et l'unité, finalement entre la logique de soins et la logique de gestion, aboutit à de douloureuses et arbitraires décisions automatiques : ainsi, soit deux patients ayant été hospitalisés en médecine, puis en chirurgie avec passage en salle d'opération ; le premier, parce qu'habitant proche de l'établissement est renvoyé quelque temps chez lui entre les deux séjours ; le second, parce qu'isolé, est resté à l'hôpital : selon la procédure de classement, le premier sera classé dans un GHM médical puis dans un GHM chirurgical, le second uniquement dans un GHM chirurgical.

4. Le diagnostic est dans ce système, comme dans bien d'autres « case-mix », le principal et premier critère de classement ; sans que cela soit explicitement développé par les auteurs, il semble que cette procédure provienne de l'idée suivante : c'est le médecin qui est le seul compétent pour découvrir la maladie, le seul compétent pour décider l'hospitalisation, le seul compétent pour dicter un protocole ou éventuellement l'appliquer partiellement dans les cas lourds (en chirurgie en particulier). Le corps médical apparaît donc comme l'élément stratégique dans le système hospitalier, car au centre des décisions directement liées au malade. C'est la raison pour laquelle le critère médical, la pathologie, apparaît au premier abord comme un critère important. Cependant, l'ensemble des microdécisions des personnels paramédicaux ponctuelles, mais continuellement répétées, n'a-t-il pas un poids économique aussi important ? Pour les décisions d'investissement, les médecins ne sont pas les seuls à choisir matériels et architectures. L'approche de l'activité hospitalière par la pathologie apparaît comme démesurée par rapport à son rôle économique éventuel.

5. Les constatations suivantes sont moins fondamentales, à notre avis :

- Le système Fetter prend l'âge comme critère secondaire de classement, car il serait en forte corrélation avec la durée de séjour ; en réalité, la croissance de la durée moyenne des séjours par tranche d'âge n'est qu'un artéfact statistique, du fait de l'augmentation sensible des écarts-types.

- La méthode statistique employée exige pour hypothèse que les variables procédures, âges et modes de sortie soient indépendantes : or, ceci n'est guère vérifié, l'âge ayant une influence sur les types de protocoles et de procédures.

- Enfin, prendre les durées de séjour comme reflet des consommations hospitalières est difficilement acceptable : Les durées de séjour sont en réalité influencées par de très nombreux facteurs dont une partie importante de facteurs extra-hospitaliers. Il n'est donc pas étonnant que les distributions des durées de séjour au sein même des DRG aient des étendues importantes, montrant ainsi les caractères peu homogènes de ces regroupements.

Il en découle que l'approche par le diagnostic, même « entouré » d'autres critères, ne peut-être opératoire pour le gestionnaire, à la fois sur les plans théorique et pratique.

Dès lors, on comprend que sur le terrain, les médecins ne se reconnaissent pas dans cet outil de gestion, car il n'implique pas de sens à leur pratique. Il en résulte d'ailleurs que la fiabilité des données laisse très souvent à désirer.

De cet échec, l'analyse séparée des activités de soins et des dépenses hospitalières doit donc être de mise.

Les questions du chercheur deviennent donc : pourquoi une croissance des activités hospitalières plus rapide que celle de la population ? Comment définir rigoureusement les activités de soins ? Pourquoi une croissance des dépenses ? Pourquoi une telle déconnexion entre les évolutions des activités et des dépenses ?

VI.2- Pourquoi une telle déconnexion entre les activités hospitalières et les dépenses ?

Les dépenses hospitalières augmentent rapidement depuis la dernière guerre en France. Est-ce spécifique à ce pays ? La réponse est non : c'est le cas dans tous les pays européens, y compris dans ceux de l'Est.

Conclusions : 1- le corps médical dispendieux ne peut pas à lui seul être le facteur essentiel de « l'accroissement des activités poussant à l'augmentation inéluctable des dépenses ».

2- Touchant tous les pays européens ainsi que ceux hors Europe ayant en particulier participé directement à la guerre, les raisons géostratégiques apparaissent alors comme essentielles.

Il fallait en effet tenter d'éradiquer les causes fondamentales des guerres dans le contexte européen. Ces causes géostratégiques sont bien connues des historiens : le développement de la misère. La création généralisée en Europe des régimes sociaux, dont ceux de la santé, est une condition fondamentale de la paix. D'où les efforts financiers colossaux mis à disposition des agents de soins pour sécuriser les corps sociaux, sous des formes diverses selon les pays, dont celui du système de Sécurité sociale en France fondé sur le principe de la solidarité entre les travailleurs. Ce phénomène a sans doute aussi bénéficié de la compétition entre l'Ouest et l'Est, chacun voulant montrer la supériorité sociale de son système politique. D'où une déconnexion du volume financier mis à disposition non directement liée aux niveaux réels d'activités. En France, de 1983 à 2004, années marquées par les « politiques de rigueur », les budgets hospitaliers publics ont été multipliés par plus de quatre, pendant que les entrées ont augmenté de 25 %, le nombre de lits a diminué de 25 %, le tout volontairement régulé par une chute des durées moyennes de séjour (DMS). Autrement dit, le nombre de patients présents journellement dans les établissements hospitaliers est resté constant sur la période. On voit ici le niveau important de la déconnexion. On remarque d'ailleurs que l'augmentation sensible des budgets est pour l'essentiel due à celles des consommations intermédiaires, des masses salariales et des immobilisations. Le chercheur se pose alors la question : comment se fait-il que la politique de rigueur a eu un effet inverse ? Est-ce que les stratégies d'externalisation d'activités (buanderie, cuisine, analyses biologiques, etc.), dont l'objectif est de réduire les coûts, n'ont pas au contraire entraîné une perte de savoir-faire et à terme un dérapage de la maîtrise des dépenses ? La réduction autoritaire des lits, qui a nécessité une baisse drastique des DMS, n'a-t-elle pas nécessité plus de matériels et de personnels de soins ? Le contrôle de plus en plus prégnant dans le cadre de la politique de rigueur n'a-t-il pas poussé à l'accroissement d'un système bureaucratique coûteux (organismes de contrôle, système d'information tentaculaire, etc.) ? Ceci débouche sur un nouveau champ de recherche que nous n'avons guère investigué, du fait d'objectifs autres comme nous allons le montrer *infra*. Cependant, on voit que les stratégies fondées sur des analyses erronées à caractère seulement empirique de nature idéologique (le « pouvoir médical trop dispendieux » pris comme prémisse) conduisent à des résultats inverses à ceux espérés.

VI.3- États de santé de la population et augmentation des entrées à l'hôpital

Comme nous venons de le constater, le nombre d'entrées (+ 20 à 30 %) et le taux de fréquentation[22] ont augmenté sensiblement durant ce quart de siècle. *A priori*, l'accroissement des niveaux de vie à cette époque, l'amélioration sensible de l'hygiène, les progrès pharmaceutiques, etc. auraient dû freiner les entrées hospitalières. Pourquoi une telle contradiction apparente ? Certains facteurs peuvent l'expliquer, comme par exemple l'augmentation sensible de la circulation automobile qui génère des risques d'accident, ou encore un accroissement de la part de la population âgée par rapport à la population générale, celle-ci n'ayant d'ailleurs progressé que lentement. Mais cela ne suffit pas pour expliquer le taux de croissance très élevé des entrées durant la période. Dès lors, le chercheur va se poser la question : que s'est-il passé ? L'étude de la bibliographie ne donne aucun résultat convaincant, et de plus elle est quasi inexistante sur le sujet. Il convient donc de découvrir les raisons qui poussent à l'hospitalisation, d'autant que les épidémiologistes montraient que, à niveau de non-santé égal, il y avait davantage de patients à l'extérieur du système hospitalier qu'à l'intérieur. Il en découle que ce n'est pas en soi le diagnostic

---

[22] Taux de fréquentation : nombre de personnes hospitalisées / Population générale.

médical qui explique l'accélération des entrées. L'hospitalisation apparaît donc comme une issue à des contradictions sociales dans la vie courante.

N'ayant guère de théorie globalisante à sa disposition, le chercheur va donc multiplier des enquêtes de terrains les plus diversifiés possibles, c'est-à-dire choisir la démarche empirique, afin de voir s'il existe des régularités mesurées par des variables de description des modes de vie à domicile, à comparer avec les caractéristiques des patients hospitalisés. Résultat : le niveau des capacités de soutien du réseau social du patient est le facteur le plus puissant de l'accélération (réseau faible) ou du freinage (réseau dense) des entrées hospitalières, y compris dans les services de soins aigus.

Taux de fréquentation[23] dans un centre hospitalier général

(750 lits court séjour)

	Non-hospitalisées[1]	Hospitalisées	Global
Personnes isolées[2] :	4,7 %	10,5 %	15,2 %
Personnes non isolées :	3,2 %	3,5 %	6,7 %

[1] Non hospitalisé = personnes prises en charge à l'hôpital sans être hospitalisées dans un service de soins (retour à domicile dans les 24 heures).

[2]Personnes vivant seules à domicile.

Source : Le contrôle de gestion des unités de soins hospitaliers – 2008 – J-P Escaffre – édit économica.

L'isolement peut être interprété comme le pôle extrême de l'incapacité du soutien du réseau social au foyer. Les personnes isolées ont un taux de fréquentation trois fois supérieure à celles qui ne le sont pas, alors que l'étude montre en même temps qu'il n'existe aucune différence significative entre les états de santé des deux populations, mesurés par seize paramètres.

[23] Taux de fréquentation : nombre de personnes hospitalisées / Population générale.

L'accroissement des demandes d'entrées à l'hôpital provient donc de la dilution des réseaux sociaux, même partielle, due elle-même à l'éparpillement de la population sous l'effet de la désindustrialisation et de la crise du monde agricole. La conséquence politique de cette découverte est alors binaire :

1- soit on laisse se démanteler les réseaux économiques au gré des vents des marchés, et alors soit il faut accepter l'augmentation des moyens d'accueils des patients, soit, à moyens constants, on accepte l'allongement des files d'attente dans les services de soins ;

2- soit on reconstruit des réseaux sociaux stables par un aménagement économique des territoires, ce qui à terme réduirait les demandes d'hospitalisation, faciliterait les hospitalisations à domicile.

La seconde solution est aujourd'hui écartée sous l'effet des lois fondamentales européennes, qui préconisent de plus la réduction des dépenses sociales, dont celles de la santé. Ne reste donc plus que la solution d'allongement des files d'attente.

Compte tenu des enjeux géostratégiques, la recherche n'est décidément pas un long fleuve tranquille...

VI.4- Concentration des pouvoirs et théorie des organisations.

Depuis le début des années 80, les réformes officiellement en vue de « maîtriser les coûts hospitaliers » ont été très nombreuses (presque une loi par an !), l'une s'enclenchant avant que la précédente eût été mise entièrement en place, et ce sans évaluation réelle. Nous venons de le montrer, ces réformes successives et rapides n'ont eu guère d'effets sur les dépenses de santé (qui sont passées de 2,5 % du PIB en 1950 à 9 % en 2015), mais en ont eu sur le blocage des moyens des établissements publics ou associatifs faisant partie du service public.

Le chercheur se pose alors les questions suivantes : pourquoi une telle frénésie législative durant cette période historique ? Quels en sont les effets sur les prises en charge sanitaires au regard du principe de solidarité affiché ? Comment se redistribuent les pouvoirs de décisions ? Comment se transforment ou s'adaptent les organisations sanitaires au gré des bouleversements législatifs redistribuant ces pouvoirs ?

Les causes fondamentales de ces successions de transformations sont bien sûr géopolitiques. Il serait ici trop long pour en fournir les preuves. Nous nous contenterons d'expliciter les recherches et leurs méthodes relatives à la transformation des organisations, avec les déplacements conceptuels qu'il a fallu effectuer pour tenter de trouver des « lois » de métamorphoses possibles d'une forme organisationnelle à une autre, et les impossibilités.

La bibliographie ne révèle guère de théorie générale des organisations admise par la communauté de chercheurs, qui pourrait nous éclairer. La plupart des auteurs doutent d'ailleurs de la possibilité de théorisation. Les avancées sont trop partielles car elles ne concernent que des activités particulières, qui plus est très peu dans le secteur hospitalier.

Pourtant, l'observation des transformations des organisations montre, quel que soit le domaine, des régularités quant à leurs genèses et leurs effets : perduration de concentrations (avec succès ou échecs), alliances toujours provisoires, coopérations volontaires pour l'usage de moyens de production, etc.

Comment s'y prendre ? Tout d'abord, il convient de remarquer que les écrits et ouvrages reposent pour la plupart sur la notion « organisation », terme abstrait et quasi déshumanisé, aux frontières en réalité floue, impliquant une hiérarchie stricte amalgamant allègrement chef d'entreprise et « entreprise », chef seul décideur. Ceci n'est guère admissible dans le secteur hospitalier ou universitaire par exemple. Il convient donc de se sortir du piège en déplaçant le paradigme : la recherche doit se porter sur les relations concrètes entre groupes humains, peu importe qu'ils soient « habillés » d'une structure juridique ou de plusieurs. « L'intérieur » ou « l'extérieur de l'organisation », dans le sens réglementaire, n'a alors plus de sens. Choisir la centralité des relations entre groupes humains dans les processus de production est une posture philosophique, qui va dicter les conceptions de la démarche scientifique. Déjà *a priori*, on peut admettre d'un côté qu'il existe des collections d'individus isolés sans relation, d'un autre côté un nombre d'individus importants tous en relations selon diverses modalités. Dans ce dernier cas, l'extrême situation est celui où il existe la modalité hiérarchie stricte, qui pourrait être interprétée comme un méta individu tant les décisions sont concentrées entre un nombre de personnes très réduit et les actions totalement coordonnées par ces dernières. Entre ces deux pôles, les situations les plus diverses doivent exister. Le problème est alors de tenter de comprendre les passages possibles d'une situation à une autre, ainsi que les changements impossibles.

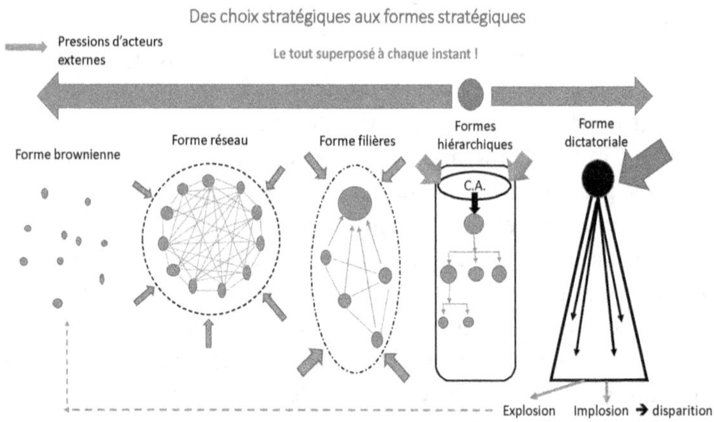

Pour que la démarche demeure scientifique, celle-ci doit avoir l'ambition de rester générale, le domaine hospitalier devant être perçu comme une application particulière. Dès lors, il convient dans un premier temps de recenser tous les critères connus pouvant décrire les relations entre groupes humains[24] (ici 32 retenus). Dans un second temps, pour chaque critère, choisir des modalités autant que possible exclusives, quantitatives ou sinon qualitatives (par exemple, critère « identification de l'individu au groupe » avec modalités aucune, faible, fort). Dans un troisième temps, recenser toutes les combinaisons théoriquement possibles des modalités de tous les critères, puis éliminer les combinaisons illogiques. Dans un quatrième temps, classer les combinaisons restantes par ressemblance (profils proches) par des techniques

[24] Ceci a fait l'objet d'une thèse : « Processus relationnels et stratégies de réorganisation du système hospitalier français » - 2015 – Frédérique QUIDU – Université de Rennes 2.

multidimensionnelles (il ne s'agit donc pas de regroupements *a priori*), formant des groupes de combinaisons de relations devant être interprétés (groupes indépendants, en réseau, en alliance, etc.). Dans un cinquième temps, chercher d'éventuelles arborescences au sein de ces groupes de relations, de façon à découvrir éventuellement un critère-modalité mère de tous les autres. Dans un sixième temps, il faut rechercher le maximum de cas concrets dans le domaine étudié, ici hospitalier (échantillon le plus diversifié possible), puis tenter de classer chaque cas concret dans l'un des groupes théoriques élaborés précédemment. Si ces derniers captent tous les cas concrets, on prend alors comme prémisse que ces groupes théoriques sont pertinents, et correspondent à une réalité.

Dans un septième temps, il convient d'analyser les petites différences de critères-modalités entre les groupes théoriques : c'est seulement ici qu'arrive enfin la compréhension des transformations d'un type de relations en un autre, ceux qui sont stables (il faudrait beaucoup de changements de critères-modalités pour qu'il y ait transformation), ceux qui sont instables (peu de critères-modalités à modifier pour faire basculer le type de relations en un autre). Il devient alors possible de décrire des « lois » de transformation éventuelles des types de relations dans les processus productifs.

Mais le travail de recherche n'est pas terminé… est-il possible de classer ces types de relations ? Pour que cela soit envisageable, il faut qu'il existe un spectre de ces groupes de relations, borné par deux extrémités. Parmi ces groupes, il faut donc, huitième temps, trouver deux types de relations extrêmes et totalement opposés : un type de relations exprimant totalement l'autonomie d'individu(s) et en même temps leur totale indépendance vis-à-vis d'autres individus (l'anarchie, ou forme brownienne comme indiqué plus haut), versus une hiérarchie totale, dictatoriale. Dès lors, les autres types de relations peuvent être classés entre ces deux bornes (entropie et néguentropie) selon les facilités de passer d'un type de relations à un autre.

Le travail de recherche est-il terminé ? Pas tout à fait ! Il convient en effet de passer à un stade supérieur de la démarche scientifique, l'abstraction : la dialectique entre les deux pôles de la contradiction absolue. La dictature « d'en haut » peut-elle existier sans anarchie de fait « en bas », ou la crée-t-elle obligatoirement ?

Cela constitue un travail d'ensemble long, à certaines étapes très fastidieux, sans certitude d'atteindre la découverte souhaitée (ou dont on n'a pas toujours conscience), d'où la nécessité pour le chercheur de se doter d'une opiniâtreté sans faille. Et dans le cas d'une thèse, le tout dans un temps contraint de trois à quatre ans.

VI.5- Démarche de recherche dans la compréhension des processus des prises en charge hospitalières

Dans la première section, nous avons montré l'échec des études des « coûts par diagnostic » (pourtant encore en vogue aujourd'hui), échec dû à un positionnement conceptuel inadéquat, entraînant l'utilisation de techniques qui ressemblent à des bidouillages qui nécessitent des modifications permanentes pour tenter de coller au réel. Cela dit, ce n'est pas une raison pour déserter l'analyse de l'objet même des activités hospitalières : les soins. Et ce, en espérant que peut-être une meilleure compréhension permettrait des modifications d'organisations qui, à leur tour, freinerait globalement les moyens nécessaires et de là, à prix des facteurs de production constants, maintiendrait les dépenses à efficacité égale. Sans se faire d'illusions cependant : c'est la distribution des pouvoirs entre les groupes humains en relation dans le processus productif qui est à l'origine de la répartition des moyens existants. Il ne faut pas se le cacher : les concepts philosophiques, qui sous-tendent d'un côté la démarche « coût par diagnostic » (le coût est le concept central) et d'un autre côté, ceux dont l'approche positionne le soin au centre de la réflexion, sont totalement différents et n'auront donc pas les mêmes impacts.

VI.5.1- Circonscrire le sujet et concepts sous-jacents

Premier questionnement du chercheur : qu'est-ce qu'un soin ? Réponse adoptée ici : activité qui a pour objet de rendre autant que possible l'autonomie de vie d'une personne par une dépendance provisoire à d'autres personnes aidantes.

Cette vision du soin appelle plusieurs commentaires concernant les concepts philosophiques sous-jacents :

-le premier est que le soin est un ensemble de relations humaines, quel que soit le type d'organisation et l'habillage juridique dans lequel il se situe : famille, médecins et infirmiers libéraux, agents de services de secours, agents des unités de soins hospitaliers...

-le second commentaire est qu'apparaît une distinction conceptuelle essentielle entre autonomie et dépendance. L'indépendance n'est pas autonomie comme le suggèrent trop d'écrits contemporains, la non-autonomie ne génère pas obligatoirement une dépendance à autrui. Il convient donc de clarifier précisément ces deux concepts : rechercher dans l'histoire et la philosophie l'évolution des visions de ces deux concepts (qui eux n'ont pas été confondus par les penseurs). Il faudrait un ouvrage entier pour retracer l'évolution des conceptions de l'autonomie et de la dépendance[25]. Ce n'est pas l'objet de celui-ci dont l'objectif est de relater une démarche scientifique d'une équipe. Disons simplement provisoirement, pour éclairer la suite, que l'autonomie / non-autonomie est intrinsèque à une personne à un instant donné, tandis que la dépendance concerne les liens entre individus, liens engendrés par des variations perturbatrices de leurs autonomies respectives. Cette dépendance peut s'avérer positive pour les uns (cas du soin), ou négative pour d'autres (cas de la soumission).

On remarquera ici que retracer historiquement et philosophiquement les concepts d'autonomie et de dépendance permettent de se forger une vision générale, le soin n'apparaissant alors que comme un cas particulier. Ceci est essentiel, et évite de concevoir des modèles étriqués.

---

[25] Un résumé dans le chapitre II de l'ouvrage : « Autonomie, Dépendance et Stratégie », J-P ESCAFFRE, 2016, édit Nuvis.

VI.5.2- Influences sociales urgentes sur la démarche empirique des chercheurs

Logiquement, les recherches de l'équipe auraient dû commencer par élaborer des modèles fondés sur le concept d'autonomie, ensuite continuer par la dépendance, enfin en tirer des formes canoniques de stratégies. Cependant, une équipe de recherche ne vit pas en vase clos, elle doit aussi gérer à la fois son autonomie et ses dépendances aux forces sociales qui l'entourent. Dans le cas présent, une forte pression de la part des personnels de soins exigeait de fournir rapidement des outils fiables pour mesurer les activités de soins, avec derrière l'idée de mesurer les charges de travail face à l'opiniâtre politique de restriction des gouvernements successifs. Politique, demande sociale, formatage des recherches ne sont jamais éloignés : on retrouve ici un exemple concret de ce que l'histoire des sciences nous a appris, comme montrée plus haut.

Nous avons donc commencé par rechercher dans la bibliographie de bons critères de description des activités de soins. Les plus pertinents : les variables de dépendance vis-à-vis des actes de la vie courante (AVC), vis-à-vis des actes techniques somatiques (ATS), vis-à-vis des aides techniques relationnelles (ATR). Ce travail ne peut se faire qu'en collaboration avec les soignants de statuts, de grades, d'affectation géographique, d'unités de soins les plus diversifiés envisageables. Pourquoi ? Pour que les critères retenus décrivant le soin « ratissent » le plus largement possible la diversité des situations. La seconde étape fut d'élaborer un questionnaire (compte tenu du nombre de critères de description, plus de cinq pages), de le tester sur quelques sites, de faire faire la collecte des données auprès des patients par les soignants eux-mêmes (après une formation et le choix d'un agent de coordination dans chaque service de soins), de vérifier le bon remplissage de plusieurs milliers de questionnaires, de traiter les données statistiquement. Compte tenu du nombre de patients enquêtés, du nombre de variables de description, ce traitement est long et peut paraître compliqué. Il se déroule en plusieurs phases :

- La première, indispensable, est de tirer des statistiques descriptives simples, variable par variable pour s'imprégner des distributions des données ;

- La seconde nécessite une stratégie de dépouillements dépendante de l'objectif que l'on se donne : existe-t-il un spectre de dépendance du plus faible au plus fort ? Autrement dit, existe-t-il des individus enquêtés qui ne concentrent que des modalités de même niveau des variables de dépendance, ou ces patients peuvent-ils être en même temps très dépendant vis-à-vis d'un acte de la vie courante et non dépendant vis-à-vis d'un autre acte de même type ? Peut-on être très dépendant ou peu dépendant globalement, ou être les deux à la fois ? Pour ce genre de dépouillements, l'utilisation de statistiques multidimensionnelles est nécessaire.

- La troisième est l'interprétation des résultats qui doit s'élaborer avec les soignants au plus proche du « terrain ». Il s'est avéré qu'il existe bien un spectre de dépendance pour les AVC (Aides à la vie courante), puis les ATS (Actes techniques somatiques), enfin pour les ATR (Actes techniques relationnels), mais ces trois types de dépendance ne sont pas corrélés : on peut être peu dépendant vis-à-vis des AVC et en même temps très dépendant vis-à-vis des ATS par exemple. En conséquence, on ne pourra pas parler de niveaux de dépendance globale, mais d'un spectre de dépendance par type. On remarquera ici les conséquences du déficit de théorie : il a fallu élaborer toute cette longue démarche ascendante pour en arriver à un tel résultat empirique sûr, alors que s'il y en existait une, la démarche eut été descendante et beaucoup plus simple. C'est l'un des grands avantages de toute théorie.

- Les trois étapes précédentes sont à considérer comme des études, et non pas comme de la recherche appliquée. Il n'y avait pas de connaissances scientifiques suffisantes, il n'y avait donc pas de théories ; une solution était donc de multiplier les observations, à condition d'expliciter les fondements de celles-ci. Il convient désormais, quatrième étape, de passer à un niveau supérieur : que faire de ces résultats ? Peut-on en tirer un outil de gestion fiable et simple d'utilisation pour les cadres soignants ? On se trouve donc au niveau R&D, indispensable dans les sciences sociales si le chercheur entend devenir crédible vis-à-vis du « terrain », et pouvoir continuer ses recherches.

Exemple d'interprétation de résultats statistiques : l'effet dialectique

Nous montrons ci-dessous les résultats d'enquêtes sur les dépendances des patients aux soignants vis-à-vis des actes de la vie courante (AVC), suite à une analyse multidimensionnelle (AFCM). Ces résultats sont récurrents, quel que soit l'établissement hospitalier et quelle que soit l'unité de soins : la forme du nuage des modalités des variables montre que si un patient nécessite par exemple une aide moyenne vis-à-vis de l'alimentation, en forte probabilité il sera aussi moyennement dépendant vis-à-vis de l'habillage et autres variables AVC. Il semble donc exister un spectre des niveaux de dépendance de la non-dépendance à la dépendance totale. Cela étant récurrent, ces constats doivent refléter une certaine réalité universelle sans pour autant que ne soit connu le pourquoi.

Dépendances des patients aux soignants :
la stabilité récurrente des résultats statistiques représente-t-elle la vérité ?
Où se situent les causes de ces effets ?

Graphique 1 : AFCM des dépendances aux aides à la vie courante

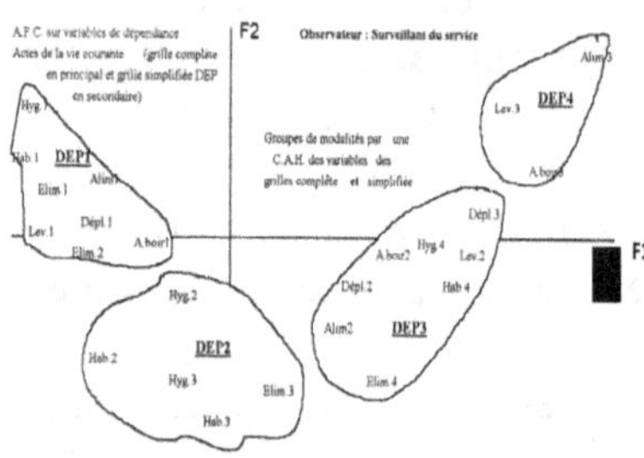

Légende :

Extraits de 7 variables de la grille complète AVC et 5 modalités de la variable globalisante

Grille complète (extrait) :
- *Aides à l'hygiène : Hyg. (4 modalités)*
- *Aides à l'habillage : Hab. (4 modalités)*
- *Aides boisson : A. boir. (3 modalités)*
- *Aides à l'alimentation : Alim. (3 modalités)*
- *Aides à l'élimination : Elim. (4 modalités)*
- *Aides au lever : Lev. (3 modalités)*
- *Aides au déplacement : Dépl. (3 modalités)*

Grille simplifiée AVC :
. DEP1 : dépendance nulle
. DEP2 : dép. partielle
. DEP3 : dép. importante
. DEP4 : dép. très forte
. Patients n'entrant dans aucune catégorie DEP

L'interprétation de ces statistiques doit être prudente et circonstanciée. Un patient classé en dépendance nulle (DEP1) est-il réellement autonome, ou est-ce le fait que les soignants n'ont pas eu le temps de s'en occuper ? Autre exemple : un patient peu dépendant pourrait se déplacer lentement pour prendre son repas, accompagné d'un soignant, et cela prendrait du temps ; si celui-ci doit prendre en charge plusieurs patients dans un laps de temps court, alors il peut avoir tendance à faire déplacer le patient à l'aide d'une chaise roulante ; il sera donc classé fortement dépendant (DEP3).

Les résultats statistiques sont en fait le reflet des dialectiques des relations soignés / soignants.

VI.5.3- Création d'un outil de gestion (R&D) et limite de la démarche empirique

Comment s'y prendre ? On vient de constater que l'éventail des multiples descripteurs des niveaux de dépendance sont très stables dans l'espace et dans le temps (dans l'espace : résultats identiques quelle que soit l'unité de soins dans divers établissements français ; dans le temps : ces spectres n'ont jamais été démentis à ce jour). Il faut donc s'appuyer sur ces constats empiriques pour tenter de créer un outil le plus simple possible d'utilisation : il suffit alors de découper chaque spectre en cinq ou six « morceaux » suffisamment explicites pour la gestion courante. Si cela est possible, en termes de théorie de l'information, il s'agit de contracter les multiples données à contenu informationnel pauvre en une donnée à contenu informationnel riche par niveau de dépendance. Pour qu'il en soit ainsi, il convient que la dénomination de chaque niveau soit compréhensible par tous les opérateurs susceptibles d'utiliser l'outil : soignants, médecins, administrateurs, planificateurs, etc. Cela nécessite alors un travail important sur la sémantique.

Mais le processus de création d'un outil de gestion est loin d'être terminé. Il convient qu'il subisse tous les tests de validité, de fiabilité et d'acceptabilité :

- tests de validité de contenu : compréhension du concept de dépendance validé par les utilisateurs ;

- tests sur critères : la grille simplifiée doit fournir des résultats identiques à ceux des grilles de collecte complète d'origine ;

- tests de structure : capacité de la grille simplifiée de capter toutes les situations de dépendance, de la dépendance nulle à la dépendance totale, quelles qu'en soient les circonstances ;

- tests de reproductibilité : les résultats ne doivent pas être influencés par l'observateur ou le collecteur de données (mêmes résultats si l'agent est une aide-soignante, ou une infirmière, ou un kinésithérapeute...) ;

- tests de sensibilité : jusqu'à quel niveau de détail l'outil est-il capable de capter les faibles variations de situations de dépendance (il s'agit ici d'un choix : nombre de niveaux utiles pour la gestion courante) ;

- tests d'acceptabilité par les personnels ;

- tests de simplicité et de rapidité des collectes de données (dans le cas présent, l'outil créé a permis de faire passer le temps de collecte des données de 15 minutes à moins d'une minute par patient). Ceci a pour répercussion d'accroître la fiabilité, les opérateurs ayant en détestation légitime de passer trop de temps « en paperasserie ».

Une fois l'outil créé et utilisé volontairement sur le terrain, ici dans diverses unités de soins dans plusieurs établissements hospitaliers, le chercheur peut penser : enfin il est temps de passer à la théorisation, en utilisant éventuellement les résultats empiriques accumulés. Que nenni ! La pression sociale s'avère encore plus forte : derrière la volonté des personnels de soins de se doter d'un outil simple de mesure des états de santé des patients, leur objectif est en fait de montrer l'évolution des charges de travail dans les services. En effet, l'idée de bon sens est que plus le niveau de dépendance est élevé, plus la charge de travail est importante. D'ailleurs toute la littérature partait de cette idée, et nombre d'outils de gestion étaient fondés sur la relation directe niveau de santé – charge de travail, relation déterminée empiriquement (temps de réalisation de chaque acte, ou temps requis). De ce point de vue, les décisions de gestion en découlaient : compte tenu des caractéristiques des patients selon les unités de soins, il convient d'égaliser les charges de travail et donc d'affecter les personnels selon ce principe.

Le chercheur fondamentaliste ne peut suivre le bon sens de la doxa : l'histoire des sciences lui a appris que les grandes découvertes se sont imposées à l'encontre des apparences ou des « évidences ».

Il fallait donc vérifier, au moins empiriquement, quelles étaient les relations entre les gravités des états des patients et les volumes des charges de travail effectués, par de multiples enquêtes diversifiées. Cela peut faire apparaître le chercheur comme un être soupçonneux par nature. En réalité, s'il tient à une telle démarche, c'est qu'il a déjà des soupçons sur la véracité du sens commun. Ici, tout chercheur en gestion sait que le volume de travail d'une équipe est aussi lié à la motivation, et qu'entre des équipes ayant les mêmes activités, ce volume peut varier selon les motivations collectives. La liaison activités / volumes des charges de travail n'est donc pas stricte. Mais l'idée fondamentale demeure : l'activité engendre le volume de travail.

Le constat de ces enquêtes répétées montre que s'il existe une certaine corrélation entre l'augmentation du nombre de patients de niveaux de dépendance faible ou moyenne avec la charge de travail direct, ce n'est plus le cas pour les dépendances lourdes et très lourdes (écart-type très élevé) : dans ces dernières situations, la charge de travail peut aussi bien être élevée que très faible. Il n'y donc pas de relation entre les états des patients et les volumes des charges de travail, contrairement à ce que prétend la doxa.

Cependant, il convient de bien positionner le problème. La vraie question est : que gère le cadre quotidiennement vis-à-vis de son équipe ? Réponse : les ressentis quotidiens individuels et collectifs des personnels dont il a la responsabilité (ressentis d'allègement du travail, d'alourdissement durant la période de travail). Ces ressentis ne sont pas obligatoirement liés au volume de travail, car interviennent la capacité du cadre à motiver chaque individu de l'équipe, les conceptions plus ou moins partagées des soins, les moyens utilisés, les pressions extérieures, etc.

Compte tenu du problème, il est alors nécessaire de préciser ce qu'est un ressenti, et ce qu'il n'est pas (ici, *versus* charges mentales, stress, « *bun out* »...). La bibliographie nous aide, mais ne répond pas obligatoirement précisément aux attentes du chercheur. Dès lors, celui-ci n'hésitera pas à se forger sa propre définition utile pour la suite, sinon il accepte par suivisme d'autres conceptions du ressenti qui ne correspondront pas au problème posé, ici sa gestion. Il aura alors à se confronter sans doute à sa communauté scientifique qui, la plupart du temps, préfère asseoir des définitions définitives afin de mieux se comprendre. Mais il faut parfois passer outre.

Que constate-t-on au travers les diverses enquêtes évoquées plus haut ? Que les ressentis des personnels sont directement liés à la variation de la charge de travail par rapport à une situation jugée « normale », et non pas par rapport au volume de cette charge de travail. De plus, les passages des ressentis « normaux » vers des ressentis « lourds » ou au contraire « allégés » correspondent à des variations toujours identiques de la charge, quels que soient les individus, quelle que soit l'équipe, quelle que soit l'unité de soins, quel que soit l'établissement, quel que soit le lieu en France.

Cartographie universelle des ressentis dans les Unités de Soins hospitaliers

(Zone blanche : tolérance ; Zone rouge : ressentis lourds ; zone verte : ressentis allégés)

DATVC : actes de la vie courante ; DATS : actes somatiques ; DATR :actes relationnels

Causes des variations de charges en soins directs

Unité de soins : Chirurgie B hospitalisation période du au

Référence : Unité de soins : Chirurgie B hospitalisation période du au

	Relevés	Eff. AS	Eff. IDE	Eff. Total	DATVC l.	DATVC Lo.	DATS l.	DATS Lo.	DATR l.	DATR Lo.	Total
Référence	1	4,5	3	7,5	12	2	9	5	12	2	14
Etude	1	3,5	4	7,5	14	3	11	6	16	1	17

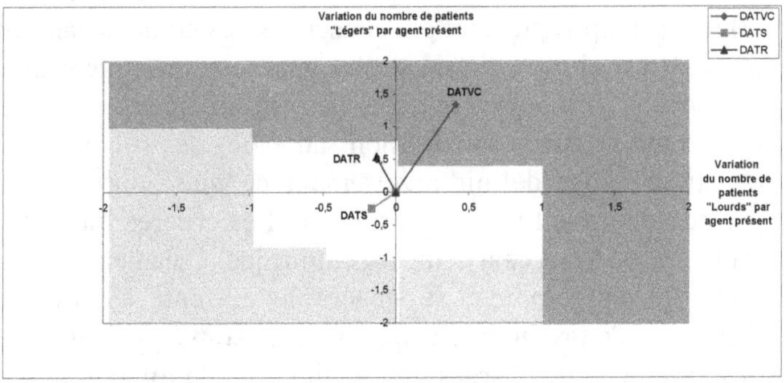

À partir de ce constat étonnant, le chercheur en R&D va proposer d'en faire un outil de gestion simple : en faire une « carte » des ressentis en fonction des variations des charges de travail déterminées à partir des variations du nombre de patients par niveaux de dépendance et de la variation du nombre d'agents présents par grade. Dès lors, on saura mesurer les niveaux de ressentis journaliers des personnels par unité, puis élaborer des simulations fiables : que se passerait-il si le nombre de patients à dépendance lourde s'accroîtrait, ou si l'on ajoute ou enlève un agent de soin ce jour ?

Cette découverte amène plusieurs commentaires. Sur le plan de la gestion des personnels, cela invalide la volonté tout à fait louable de distribuer de manière égalitaire les moyens humains selon le volume des charges de travail des unités de soins. L'observation montre que ce n'est pas pertinent. Le positionnement gestionnaire adéquat est plutôt d'égaliser les ressentis vers des ressentis « normaux » (les simulations peuvent le permettre) dans toutes les unités de soins. Cela signifie qu'il convient d'accepter que les situations « normales » soient différentes d'une unité à l'autre. Il s'agit là d'une révolution copernicienne par rapport aux conceptions courantes des politiques des Ressources humaines.

Le second commentaire concerne le choix de la situation « normale ». Dans les enquêtes précédentes, ces choix ont été effectués empiriquement par consensus des équipes dans chaque unité. Il est alors logique que les appréciations soient diverses. Cependant, on observe que les différences ne sont pas importantes : une commission ad hoc de soignants a été constituée pour définir précisément ce que pourrait être une période de travail jugée « normale ». Les critères furent trouvés rapidement. Mais cela demeure empirique. Cela ne démontre pas pourquoi et comment se génère le ressenti « normal », les différences entre individus ou unités de soins, pourquoi la plage des variations de charges de travail (zone de tolérance) apparaît comme une constante, et du coup pourquoi le passage d'un ressenti « normal » à un ressenti « alourdi » ou « allégé » est brutal.

L'empirisme poussé à son extrême est bloquant, on ne peut aller plus loin, on se heurte à un mur conceptuel trop étroit. Comment passer outre ce mur ? Par la théorisation.

VI.5.4- Dépassement de la limite empirique : la théorisation

Pour cela il convient de revenir à la conceptualisation de l'autonomie et de la dépendance. *A priori*, un ressenti « normal » est l'expression d'une dépendance qui ne heurte pas l'autonomie. Mais qu'est-ce que l'autonomie concrètement ?

La bibliographie philosophique nous apprend que cette notion est très ancienne. En Europe occidentale, les penseurs ont produit une littérature assez abondante, des Grecs à aujourd'hui : Thuricide, Xenophon, les stoïciens, plus tard Descartes (« je pense donc je suis »), E. Kant (le sujet s'autonomise par les idées, l'homme a la capacité de formuler ses propres lois), Adam Smith (l'autonomie émerge au terme d'un travail d'expression des sentiments en désaccord avec les jugements portés par l'opinion), C. Castoriadis (« la domination du conscient sur l'inconscient dans un projet social »), tout le courant cybernétique du XXe siècle (Von Neuman, Weiner, Vendryes, Varela, Miermont, Prigogine, Moreno ...).

La notion d'autonomie tourne donc autour de l'élaboration de la pensée non télécommandée par autrui ou par un dieu. En termes de gestion, science de l'action, concrètement, comment utiliser la pensée émancipée pour agir ? Une solution : déplacer le paradigme. Ce n'est pas la pensée qui est autonome, mais ce sont les actes concrets. Le volume des actes autonomes signe l'ampleur de ce que nous pourrions appeler par abus de langage l'autonomie de l'Homme.

D'où immédiatement le questionnement suivant : quelles sont les conditions pour qu'un acte quelconque soit autonome, ou inversement non-autonome à un instant donné ? Une réponse : il faut simultanément qu'il soit accepté (on en revient à la posture philosophique précédente) ET qu'il soit matériellement possible (le pouvoir). On voit immédiatement qu'un acte autonome est une situation particulière dans l'univers des actes envisageables : pas d'actes autonomes s'il n'y a pas acceptation malgré un pouvoir d'exécution suffisant, ou s'il y a acceptation, mais un pouvoir insuffisant, ou encore s'il n'y a ni acceptation ni pouvoir. Remarquons qu'ici l'instant est conçu comme une modalité particulière du « temps » (cf. section I.3 : les débats sur le temps).

Dès lors pourquoi un acte est accepté, et d'où provient le pouvoir matériel d'exécution ?

L'acceptation : le principe adopté est que tout acte réveille des valeurs culturelles plus ou moins liées les unes avec les autres, qu'il faut recenser. À un instant donné, vis-à-vis d'un objectif donné (on considère qu'il n'y pas d'acte sans objectif implicite ou explicite), chaque valeur prend une importance plus ou moins grande, qui juge plus ou moins fortement la nécessité ou non de l'acte. Valeurs culturelles impliquées, importances de ces valeurs, jugements, sont considérés comme les ingrédients fondamentaux de l'acceptation ou non de tout acte à un instant donné[26] dans la suite de l'exposé. La puissance de l'acceptation d'un acte A_h a été dénommée Ev_h.

Le pouvoir d'exécution matérielle : exécuter un acte (se déplacer par exemple) nécessite un ou des moyens matériels (ne serait-ce que sa force physique) utilisables simultanément ou non. Encore faut-il qu'il y ait un savoir-faire dans l'utilisation de chacun de ces moyens matériels. Chaque moyen peut ou ne peut pas créer l'acte envisagé (le « rendement »). L'ensemble des moyens matériels, des savoir-faire mobilisés, des « rendements » de chaque moyen sur un acte quelconque engendrent la puissance Em_h de l'ensemble des moyens sur cet acte réalisé ou à réaliser[27].

Ainsi tout acte est caractérisé par sa puissance d'acceptation Ev_h et sa puissance d'exécution matérielle Em_h. On montre ci-dessous une application des principes théoriques que nous venons d'évoquer dans le domaine du soin : le cas d'une patiente dans un hôpital.

---

[26] Ceci peut être alors aisément formalisé mathématiquement : la matrice carrée [V] représente le niveau de cohérence culturelle, la matrice diagonale [λ] mesure les importances des valeurs, la matrice [VA] les jugements positifs ou négatifs des valeurs sur chaque acte. La puissance d'acceptation ou de non-acceptation des actes provient du produit matriciel [λ]*[V]*[VA] = [λVA] (sommation pour chaque acte). On remarquera que lorsque les valeurs sont toutes en synergie, cela représente une tendance vers la certitude, et inversement des valeurs contradictoires signent une tendance vers l'incertitude. On sait que la certitude / incertitude est au fondement de la conduite des équipes au travail.

[27] Formalisation mathématique : [M] la matrice carrée des compatibilités/non-compatibilités des moyens utilisables, [Ꞷ] la matrice diagonale des savoir-faire, [MA] la matrice des « rendements ». La puissance de faisabilité d'un acte est donc la somme de la colonne correspondante à l'acte Ah déterminée par le produit des matrices [Ꞷ]*[M]*[MA] = [ꞶMA].

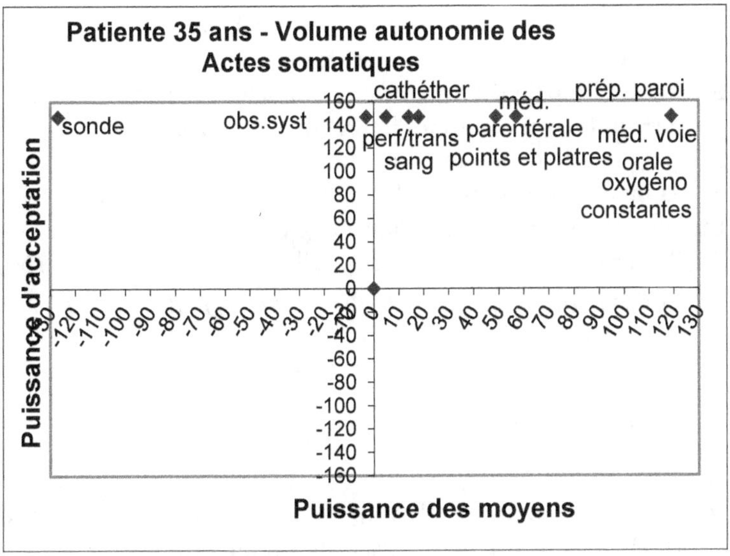

On pourra s'étonner que cette patiente soit autonome vis-à-vis des actes somatiques. Il s'agit en fait d'une personne cadre soignante hospitalisée ayant donc la capacité d'exécution de la plupart des actes, à l'exception de la pose de la sonde (légalement obligatoirement posée par un agent de soins du service), et bien sûr de l'observation systématique : elle accepte fortement, mais elle n'en a pas le pouvoir d'exécution.

La mathématisation apporte une compréhension extraordinaire du champ philosophique étudié, ici l'utilisation de la théorie des matrices que tout étudiant de première année universitaire serait capable d'utiliser. Tout d'abord, elle permet de mesurer : la puissance de l'acceptation et celle du pouvoir qui permettent de positionner tout acte. Durant des siècles, toutes les sciences se sont développées en mesurant.

Allons plus loin dans les possibilités de mesures. Par exemple, lors de la réalisation d'un ensemble d'actes orientés par une mission, un objectif, un projet, y a-t-il congruence entre le système de moyens matériels utilisé et le système culturel ? Cette congruence peut être mesurée aisément en multipliant la matrice [λVA] par la transposée de [ƢƆMA] : [λVA]*Tr[ƢƆMA]. Plus il y a d'éléments positifs dans la matrice résultante, plus la congruence des deux systèmes est forte dans la réalisation des actes, et inversement. Nous avons dénommé cette plus ou moins forte congruence « le degré d'identification de l'individu à l'action », envisagée ou réalisée. On perçoit bien ici le grand intérêt de cette mesure en gestion : cela rappelle le degré de motivation.

La mathématisation nous oblige à réfléchir encore plus loin. En effet, chaque élément de la matrice de la congruence (c'est-à-dire la mesure de la congruence entre la valeur V_j et le moyen M_k pour l'ensemble des actes) est : $\Phi_{jk} = (\lambda_i \,.\, \omega_k) \,.\, [(\sum_{j,h} v_{ij}.a_{jh}) \,.$

$(\sum_{l,h} m_{kl}.b_{lh})]$, avec

$\forall k,\ 0 \leq \omega_k \leq 1$; $\forall i\ \lambda_i \geq 0$, $\forall i,j,\ -1 \leq v_{ij} \leq +1$ et $v_{ii} = +1$; $m_{kl} = \{-1, 0, +1\}$ et $m_{kk} = +1$; a_{jh} et blh quelconques.

v_{ij} : relation entre la valeur culturelle V_i avec la valeur culturelle V_j (en synergie, en opposition, neutre) ;

a_{jh} : jugement de la valeur V_j sur l'acte A_h (positif ou négatif) ;

m_{kl} : utilisation simultanée ou non entre le moyen matériel M_k et le moyen M_l ;

b_{lh} : « rendement » du moyen M_l sur l'acte A_h ;

λ_i et ω_k respectivement importance de la valeur V_i et savoir-faire du moyen M_k.

Ainsi cette congruence est proportionnelle à $(\lambda_i.\omega_k)$, produit de l'importance d'une valeur par le savoir-faire nécessaire à l'utilisation d'un moyen vis-à-vis d'un même ensemble d'actes ! Que peut bien signifier ce produit *a priori* bizarre ? Il convient alors de se replonger dans la bibliographie et dans les fichiers d'enquêtes réalisés, même les plus anciens. Il en ressort l'interprétation suivante : $(\lambda_i.\omega_k)$ est une mesure de la connaissance (cf. I.2). Conséquence : la connaissance est le lien « électromagnétique » entre le système des valeurs culturelles et le système de moyens matériels utilisables vis-à-vis des actes. C'est une « surface » : si l'un des deux ingrédients varie, la variation de la connaissance est aussitôt multipliée par l'autre ingrédient. Dès lors, pas étonnant que les historiens de l'innovation et de la technologie insistent sur le caractère culturel des conceptions des innovations, comme nous l'avons montré plus haut… et cela explique aussi les échecs. Les technologies ne sont pas « neutres ».

Décidément, la mathématique, même relativement simple, nous fait découvrir des chemins que les seules démarches empiriques ne pourraient soupçonner.

Autre découverte théorique : suite à la multiplication des matrices [λ]*[V]*[VA], l'impact de la valeur V1 sur l'acte A1, par exemple, se mesure par : $\lambda_1 (a_{11} + v_{12}.a_{22} + v_{13}.a_{31}) = \Lambda_{11}$. Afin d'alléger le raisonnement, concentrons-nous ici sur : $(a_{11} + v_{12}.a_{22} + v_{13}.a_{31}) = c_{11}$. Mathématiquement, il existe un grand nombre de combinaisons des modalités des paramètres v_{ij} et a_{ih} aboutissant au même résultat c_{11} : l'interprétation est qu'une acceptation ou un rejet d'un acte par une valeur culturelle peut provenir de systèmes culturels et de jugements divers. En termes de stratégie, quel est le nombre de valeurs culturelles qu'il faut réveiller pour réaliser un acte quelconque, quel que soit le système culturel ? S'il faut en réveiller beaucoup, la mise en place de la stratégie sera longue, fastidieuse et difficilement adaptative aux modifications rapides de l'environnement, et inversement pour un nombre très limité de valeurs mobilisées.

L'analyse détaillée de la croissance du nombre des combinaisons des modalités des paramètres en fonction du nombre de valeurs quelconques mobilisées pour envisager un acte quelconque fait tomber le verdict : quatre. Pas deux, trois, cinq ou six, non, quatre ! Et pour deux actes ? Réponse théorique : au moins neuf, soit un peu plus du double. Testons dans la pratique, ici sur deux exemples, pour voir si la théorisation précédente interprète correctement la réalité :

Information sur le traitement /maladie :	-Aimer communiquer (échange) -Aimer transmettre (pédagogie) -Respect -Responsabilité *(4 valeurs)*
Acte technique : (une CIP) chimio	-Rigueur -Aimer communiquer (échange) -Responsabilité -Humanité *(4 valeurs)*
Information sur le traitement /maladie ET acte technique	-Aimer communiquer (échange) -Aimer transmettre (pédagogie) -Respect -Responsabilité -Rigueur -Humanité -Disponibilité -Empathie -Valeurs -Partage soignant/soigné } sup. *(9 valeurs)*

Autre exemple : situation d'extrême urgence (arrêt cardiaque) au service des urgences :

recherche d'efficacité
esprit d'équipe
aimer communiquer
responsabilité

Toujours 4 valeurs !

Sans la formalisation mathématique, qui aurait pu soupçonner un tel résultat qui est théoriquement universel ? Une démarche empirique aurait pu éventuellement tomber sur ce nombre, mais n'aurait certainement pas soupçonné son caractère général.

Les conceptions des stratégies peuvent donc être mieux appréhendées. La dialectique de l'autonomie et de la dépendance génère les formes des stratégies (alliances, coopérations, persuasion / dissuasion, etc.). C'est la raison pour laquelle les développements théoriques ci-dessus font partie d'une théorie générale que nous avons dénommée simplement théorie ADS (Autonomie / Dépendance / Stratégie), que l'on pourrait inclure dans les sciences de l'action.

VI.5.5- Une application de la recherche fondamentale : de la théorie ADS à l'analyse des ressentis au travail

Revenons à nos investigations sur les ressentis des périodes de travail des agents. L'étonnante stabilité de la cartographie évoque des raisons universelles fondées sur des concepts dont l'aire d'utilisation doit dépasser celui des ressentis. Il s'agit ici seulement d'une intuition : ces derniers pouvant être différents d'une unité de soins à une autre pour un même niveau d'activité, c'est que « quelque part » interviennent des conceptions différentes du travail, peut-être elles-mêmes influencées par les moyens existants. Conceptions du travail et moyens font immédiatement penser à la théorie ADS : système des valeurs culturelles et systèmes des moyens matériels. Essayons.

Nous l'avons vu, l'enjeu est de comprendre comment se génère une situation « normale ». De là, on pourra sans doute mieux saisir le pourquoi des conséquences des variations des charges sur les variations des ressentis, et ce par rapport à cette situation « normale ».

Il convient donc de trouver à quoi correspond pour un acte A_0 « normal » obligatoirement autonome, d'une part, le niveau d'acceptation Evh_0, et d'autre part le niveau de pouvoir Emh_0.

Les ressentis étant éphémères, cela requiert de faire le tri entre ce qui peut être considéré comme des constantes et comme des variables à court terme, parmi les paramètres sélectionnés par la théorie ADS. À très court terme, les moyens matériels se modifient peu et dans une situation « normale » on peut considérer, première hypothèse, que les agents peuvent les utiliser à leur guise sans contrainte. Seconde hypothèse côté système de valeurs, l'acte A_0 manifeste une certitude culturelle. Moyennant ces deux hypothèses, on démontre aisément qu'un acte à ressenti « normal » a pour coordonnées le degré de pouvoir $Emh_0 = \Sigma\omega_l.\Sigma c_{kh}$ et le degré d'acceptation $Evh_0 = \Sigma\lambda_i.\Sigma a_{ih}$: respectivement le produit de la somme des savoir-faire par la somme des « rendements », et le produit de la somme des importances des valeurs par la somme des jugements. L'acte « normal » A_0 est donc positionné de la manière suivante :

Graphe : situation S0 pour l'acte A_{h0}

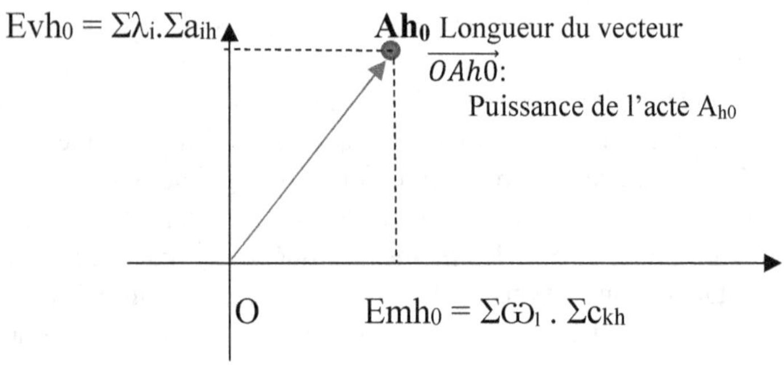

Que se passe-t-il si l'agent de soin doit s'occuper de deux patients simultanément ? Ses moyens sont alors divisés par deux, Emh_0 évoluant alors vers Emh_1 :

Graphe : Évolution d'une situation S0

Étape 1 : moyen divisé par deux

Étape 2 : Ah_0 se déplace obligatoirement en Ah_1

Étape 3 : pour rester en situation « normale », nécessité de descendre, de diminuer l'exigence de Evh0 en Evh1.

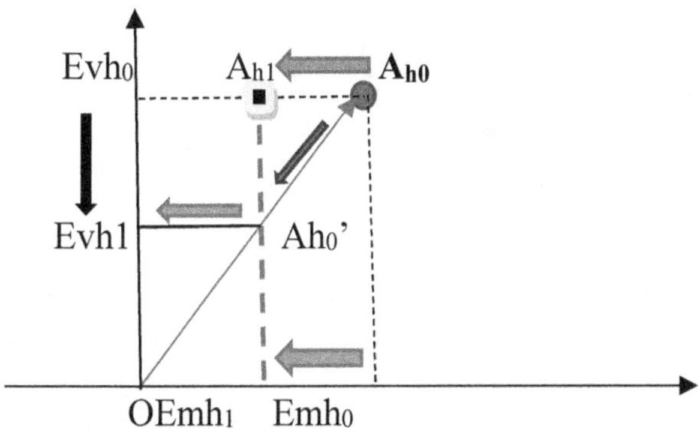

Dès lors, pour un degré d'acceptation identique, l'acte A_{h0} se déplace vers A_{h1}.

Pour que la situation réapparaisse « normale », il faut donc une baisse de l'acceptation (l'exigence culturelle) de Evh_0 à Evh_1. Sinon, en demeurant au niveau Evh_0, la frustration apparaît (représentée par le triangle A_{h0}, A_{h1}, A_{10}), expression du ressenti « lourd ». Si en sens inverse les moyens augmentent pour un même niveau Ev_{h0}, le ressenti devient « léger ».

Telles sont les conclusions théoriques de l'application de la théorie ADS, moyennant les deux hypothèses évoquées plus haut. Pour s'assurer du réalisme de cette démarche, il convient de les tester dans des situations les plus variées possible. Les tests se sont avérés positifs : les deux hypothèses sont donc vérifiées, et la théorie ADS confirmée.

Désormais, connaissant la genèse de la situation « normale », il faut passer à l'étape de la Recherche et Développement (R&D) : élaboration d'un outil de gestion des ressentis théoriquement fondé, qui devra satisfaire les conditions de validité, de fiabilité, de reproductibilité, de simplicité, de façon à faciliter le travail des personnels sur le « terrain ».

CONCLUSION

Finalement, notre démarche de recherche n'a rien d'original : parfois consciemment, plus fréquemment inconsciemment, nous avons suivi les leçons de la philosophie des sciences et de l'histoire des sciences. Conceptualisation précise à partir de réflexions d'ordre philosophique, quitte à déplacer les paradigmes habituels, puis modélisation à partir d'un nombre faible de critères avec mathématisation de ce modèle, d'où la découverte de « lois » insoupçonnées, enfin tests de réalisme dans plusieurs domaines d'application, furent les étapes classiques de notre tentative de théorisation. Celle-ci permet de dépasser allègrement le plafond de verre bloquant des nombreuses approches empiriques que nous avons menées. Elle permet aussi d'élaborer des hypothèses précises à partir des relations entre les critères modélisés, hypothèses impossibles à générer sans la théorie. Cependant, la crédibilité du chercheur est directement fonction de son utilité sociale : la création d'outils pratiques et fiables pour les personnels du « terrain » est nécessaire, même si cela est chronophage. Les passages incessants entre la recherche fondamentale, l'application de la recherche, la recherche-développement d'outils efficaces, nous sont apparus indispensables. Cela force à repenser continuellement la façon dont nous abordions les questionnements fondamentaux. Cette démarche forme système. C'est aussi ce que nous a montré l'histoire des sciences.

Ce processus, comme fréquemment dans l'histoire des sciences, n'a pas été un long fleuve tranquille : la pression sociale en provenance de décideurs étatiques d'un côté, et contradictoirement celle des personnels du « terrain » d'un autre côté, ont fréquemment dévié momentanément la planification de nos recherches fondamentales. Mais la pression sociale n'est pas ce qui est le plus terrible : la doxa est un rouleau compresseur de la normalisation de la pensée qui tend à décourager les esprits considérés comme déviants. Suivons le trublion Albert Einstein : « inventer, c'est penser à côté ».

La recherche fondamentale, la recherche appliquée, la R&D, ne peuvent se développer au sein d'un pays et faire système efficace que sous certaines conditions élémentaires supportées par une politique nationale globale. Ces conditions ont été recensées par la conférence générale de l'UNESCO 11 du novembre 2017 : « Recommandation concernant la science et les chercheurs scientifiques ». Nous montrons ci-dessous quelques extraits qui, selon nous, sont les plus importants, recommandations qui devraient être affichées aux portes d'entrée de nos laboratoires.

IMPORTANT

Recommandations de la 39e session de la conférence générale de l'UNESCO 11 novembre 2017

RECOMMANDATION CONCERNANT LA SCIENCE ET LES CHERCHEURS SCIENTIFIQUES

(Extraits)

La Conférence générale de l'Organisation des Nations Unies pour l'éducation, la science et la culture (UNESCO), réunie à Paris du 30 octobre au 14 novembre 2017, à l'occasion de sa 39e session, Rappelant qu'aux termes du dernier paragraphe du Préambule de son Acte constitutif, l'UNESCO cherche à atteindre, en favorisant la coopération des nations dans le domaine de la science (entre autres), les objectifs de paix internationale et de prospérité commune de l'humanité en vue desquels l'Organisation des Nations Unies a été constituée et que sa Charte proclame, Considérant les termes de la Déclaration universelle des droits de l'homme, adoptée par l'Assemblée générale des Nations Unies le 10 décembre 1948, en particulier de son article 27.1, qui proclame que toute personne a le droit de prendre part librement à la vie culturelle de la communauté et de participer au progrès scientifique et aux bienfaits qui en résultent,

Reconnaissant :

(a) que les découvertes scientifiques et les innovations et applications technologiques qui y sont liées ouvrent d'immenses perspectives de progrès qui résultent en particulier de l'utilisation la plus efficace de la science et des méthodes scientifiques pour le bien de l'humanité et pour contribuer à la préservation de la paix et à la réduction des tensions internationales, mais peuvent, en même temps, présenter certains dangers qui constituent une menace, surtout au cas où les résultats des recherches scientifiques sont utilisés contre les intérêts vitaux de l'humanité pour la préparation de guerres de destruction massive, pour l'exploitation d'une nation par une autre ou au détriment des droits humains, des libertés fondamentales ou de la dignité humaine, et, en tout état de cause, poser des problèmes éthiques et juridiques complexes ;

(b) que, pour faire face à cette situation, les États membres devraient mettre en place ou concevoir des mécanismes pour l'élaboration et la mise en œuvre de politiques adéquates, c'est-à-dire de politiques qui viseraient à éviter les dangers éventuels et à tirer pleinement parti des aspects positifs des découvertes scientifiques et des innovations et applications technologiques ;

Reconnaissant également :

(a) l'importance de la science en tant que bien commun ;

(b) qu'un noyau de personnes de talent et convenablement formées constitue la pierre angulaire de la capacité d'un pays à sa propre recherche et au développement expérimental et est indispensable pour l'utilisation et l'exploitation des recherches effectuées ailleurs ;

(c) que la libre communication des résultats, des hypothèses et des opinions – comme le suggère l'expression « libertés académiques » – se trouve au cœur même du processus scientifique et constitue la garantie la plus solide de l'exactitude et de l'objectivité des résultats scientifiques ;

(d) la nécessité d'un appui adéquat et d'un équipement indispensable pour le déroulement de la recherche et du développement expérimental ;

Constatant que, dans toutes les parties du monde, cet aspect du processus politique revêt de plus en plus d'importance pour les États membres ; tenant compte des initiatives intergouvernementales indiquées dans l'annexe de la présente Recommandation, initiatives qui témoignent de l'importance croissante que les États membres attachent au rôle de la science et de la technologie dans la solution de divers problèmes mondiaux sur un plan international large, ce qui renforce la coopération entre les nations et favorise le développement de celles-ci ;

et persuadée que ces tendances prédisposent les États membres à prendre des mesures concrètes en faveur de la mise en œuvre et de la poursuite de politiques scientifiques et technologiques adéquates,

Convaincue qu'une telle action gouvernementale peut favoriser de façon considérable la création de conditions de nature à stimuler et renforcer l'aptitude propre à chaque pays à assurer et utiliser les résultats de la recherche et du développement avec une conscience accrue de la responsabilité qu'ils impliquent à l'égard de l'humain et de son environnement,

Estimant que, parmi ces conditions, l'une des plus importantes doit être d'assurer une condition sociale équitable à ceux qui se consacrent effectivement à des travaux de recherche et de développement en science et technologie, tenant dûment compte des responsabilités inhérentes à ces travaux et des droits nécessaires pour les mener à bien,

Considérant que la recherche et le développement supposent des conditions de travail particulières et un sens élevé de leurs responsabilités de la part des chercheurs scientifiques à l'égard de leur travail, de leur pays et des idéaux et objectifs des Nations Unies, et que, par conséquent, les membres de cette profession doivent jouir d'une condition sociale appropriée,

Convaincue que l'état actuel de l'opinion dans les gouvernements, dans les milieux scientifiques et dans le grand public fait que le moment est venu pour la Conférence générale de formuler des principes de nature à guider les États membres désireux d'assurer une condition équitable aux chercheurs,

Rappelant qu'à cet égard de nombreux et importants travaux ont déjà été menés à bonne fin tant en ce qui concerne les travailleurs en général qu'en ce qui concerne les chercheurs scientifiques en particulier, notamment dans les instruments internationaux et autres textes cités dans le présent préambule et dans l'annexe de la présente Recommandation,

Consciente que le phénomène généralement désigné sous le nom de « fuite des cerveaux » des chercheurs scientifiques a causé de grandes inquiétudes dans le passé et continue de préoccuper vivement certains États membres ; ayant, à cet égard, présents à l'esprit les besoins primordiaux des pays en voie de développement ;

et désireuse en conséquence de donner aux chercheurs scientifiques de plus fortes raisons de travailler dans les pays et dans les régions qui ont le plus besoin de leurs services,

Convaincue que des problèmes semblables concernant les chercheurs scientifiques se posent, dans tous les pays, problèmes qu'il faudrait aborder dans le même esprit et qui exigent, autant que possible, l'application de normes et de mesures communes que la présente Recommandation a pour but de définir,

Tenant cependant pleinement compte, dans l'adoption et l'application de cette Recommandation, de la grande diversité des lois, des réglementations et des coutumes qui, dans les différents pays, déterminent la structure et l'organisation de la recherche et du développement expérimental dans le domaine de la science et de la technologie,

Souhaitant, pour ces raisons, compléter les normes et recommandations figurant dans les lois, règlements et usages de chaque pays, ainsi que dans les instruments internationaux et autres documents mentionnés dans ce préambule et dans l'annexe de la présente Recommandation, par des dispositions ayant trait aux problèmes qui intéressent directement les chercheurs scientifiques,

Saisie, aux termes du point (…) de l'ordre du jour de la session, de propositions concernant la science et les chercheurs scientifiques,

Ayant décidé, lors de sa 37e session, que ces propositions devraient prendre la forme d'une recommandation aux États membres,

Adopte la Recommandation concernant la science et les chercheurs scientifiques, (…) ce 13 novembre 2017 :

Recommande aux États membres d'appliquer les dispositions ci-après en adoptant, sous forme de loi nationale ou autrement, des mesures en vue de donner effet, dans les territoires sous leur juridiction, aux principes et aux normes énoncés dans cette Recommandation ;

Recommande également que les États membres signalent cette Recommandation à l'attention des autorités, institutions et entreprises chargées de faire des travaux de recherche et de développement expérimental et d'en appliquer les résultats, ainsi qu'à l'attention des diverses organisations qui représentent ou défendent les intérêts des chercheurs scientifiques agissant collectivement et à celle des autres parties intéressées ;

Recommande enfin que les États membres lui fassent rapport, aux dates et de la manière qu'elle déterminera, sur la suite qu'ils auront donnée à cette Recommandation. (…)

La présente Recommandation s'applique :
(a) à tous les chercheurs scientifiques quels que soient : (i) la personnalité juridique de leur employeur ou le type d'organisation ou d'établissement au sein duquel ils travaillent ; (ii) leur spécialisation scientifique ou technologique ; (iii) les considérations qui motivent les travaux de recherche et de développement auxquels ils se consacrent ; (iv) la nature de l'application à laquelle ces travaux de recherche et de développement ont trait le plus directement ; (v) leur statut professionnel ou leurs conditions d'emploi ;
(b) aux techniciens, au personnel auxiliaire et aux étudiants qui soutiennent les travaux de recherche et de développement et qui y contribuent ;
(c) aux établissements et aux personnes dont relèvent la recherche et le développement et autres aspects de la science, tels que l'enseignement scientifique, la communication scientifique, la réglementation et la politique, le contrôle, le financement, le recrutement, l'évaluation par les pairs et la publication scientifique.
Cette Recommandation n'est applicable aux chercheurs scientifiques qui font des travaux de recherche et de développement à temps partiel, que pendant les périodes et dans les contextes où ils exercent cette activité.

Les chercheurs scientifiques et l'élaboration de la politique nationale
Par la politique qu'ils adoptent à l'égard de la science, de la technologie et de l'innovation ; par la façon dont ils utilisent la science et la technologie pour élaborer leurs politiques et en général ; et notamment par leur attitude à l'égard des chercheurs scientifiques, les États membres devraient démontrer que, et agir pour que, la recherche et le développement ne s'exercent pas dans l'isolement, mais s'inscrivent **comme composante explicite de l'effort global des nations** pour constituer une société plus humaine, plus juste et plus inclusive, au service de la protection et de l'amélioration du bien-être culturel et matériel de leurs ressortissants des présentes et futures générations, et pour œuvrer en faveur des idéaux des Nations Unies et des objectifs convenus

au niveau international, tout en faisant une place suffisante à la science même.
Afin d'avoir un système efficient en science, technologie et innovation, s'inscrivant dans l'effort global, les États membres devraient mettre en place et renforcer substantiellement les capacités humaines et institutionnelles, (...).

Les États membres devraient traiter le financement public de la recherche et du développement comme une forme d'investissement (...)

Dans le contexte des relations internationales, les États membres devraient **exploiter les connaissances scientifiques et technologiques au service de la prise de décision et de l'élaboration des politiques** et, pour ce faire, devraient renforcer les capacités pour la diplomatie scientifique.

Les États membres devraient développer **la possibilité pour les chercheurs scientifiques de participer à l'élaboration des politiques nationales en matière de science, technologie et innovation**. (...)

Les États membres devraient créer un environnement favorable pour s'assurer que les chercheurs scientifiques donnant des conseils en matière d'élaboration des politiques aux responsables politiques et autres autorités publiques, puissent le faire d'une manière responsable, **en divulguant les conflits d'intérêts.**

Chaque État membre devrait instituer des procédures adaptées à ses besoins pour garantir que, dans l'exécution des travaux de recherche et de développement, les chercheurs scientifiques s'acquittent de leur tâche à l'égard de la collectivité tout **en jouissant de l'autonomie appropriée à l'exercice de leurs fonctions et au progrès de la science et de la technologie**. (...)

L'éducation et la formation initiales des chercheurs scientifiques
Les États membres ne devraient pas perdre de vue que, pour être efficace, la recherche scientifique exige des chercheurs qui

l'accomplissent des qualités d'intégrité et de maturité intellectuelle, alliant d'éminentes qualités intellectuelles **et le respect des principes éthiques**. (…)

Droits et responsabilités dans le domaine de la recherche

Les États membres devraient garder présent à l'esprit le fait que l'on peut puissamment renforcer le sentiment de vocation chez les chercheurs scientifiques **en les encourageant à considérer qu'ils travaillent au service tant de leurs compatriotes que de toute l'humanité**. Par leur façon de traiter les chercheurs scientifiques et par l'attitude qu'ils adoptent à l'égard de ceux-ci, les États membres devraient s'efforcer d'exprimer leur encouragement pour un tel esprit de responsabilité.

L'aspect international de la recherche scientifique

Les États membres devraient reconnaître la portée internationale de la recherche et du développement, et, à cet effet, devraient tout mettre en œuvre pour aider les chercheurs scientifiques (…)

Les États membres devraient soutenir, dans toute la mesure possible, les initiatives que prennent les chercheurs scientifiques pour essayer de mieux comprendre les facteurs dont dépendent la survie et le bien-être de l'humanité dans son ensemble.

Afin de faire respecter le droit humain au partage des avancées scientifiques et des avantages qui en découlent, les États membres devraient mettre en place et faciliter les mécanismes pour une science ouverte et collaborative, et faciliter le **partage du savoir scientifique** tout en veillant à ce que les autres droits soient respectés.

Afin de faire respecter le droit humain à la santé, les États membres devraient prendre des mesures visant à ce que **les fruits de toute recherche et leurs applications soient partagés avec la société dans son ensemble,** ainsi qu'au sein de la communauté internationale, en particulier dans les pays en développement.

(…)

Conditions de réussite des chercheurs scientifiques

Les États membres devraient :

(a) accorder une **aide matérielle, un appui moral et une reconnaissance publique** aux chercheurs scientifiques afin de leur permettre d'exercer avec succès leur activité de recherche et développement ;
(b) faire en sorte que les chercheurs scientifiques jouissent de conditions équitables de travail, de recrutement et de promotion, d'évaluation, de formation et de rémunération sans discrimination de race, de couleur, d'ascendance, de sexe, de genre, d'orientation sexuelle, d'âge, de langue natale, de religion, d'opinion politique ou de toute autre opinion, d'origine nationale, ethnique ou sociale, de condition économique ou sociale de naissance, ou de handicap ;
(c) soutenir les personnes appartenant à des groupes sous-représentés qui entreprennent et poursuivent une carrière dans la recherche et le développement.
(…)

Utilisation et mise en œuvre de la présente Recommandation

Les États membres devraient s'efforcer d'élargir et de compléter leur propre action en ce qui concerne la condition des chercheurs scientifiques en coopérant avec tous les organismes nationaux et internationaux dont l'activité est en rapport avec les objectifs de la présente Recommandation, en particulier les commissions nationales pour l'UNESCO, les organisations internationales, les organisations d'enseignants en science et en technologie, les employeurs en général, les associations professionnelles et les syndicats de chercheurs scientifiques, les associations d'écrivains scientifiques, les sociétés savantes, les associations de femmes scientifiques, ainsi que les organisations de jeunes et d'étudiants.
(…)

Clause finale

Lorsque les chercheurs scientifiques jouissent, à certains égards, d'une condition plus favorable que les exigences minimales présentées dans la présente Recommandation, ces dispositions ne devraient, en aucun cas, être invoquées pour revenir sur les avantages déjà acquis.

À lire…

Colin Ronan, *Histoire mondiale des Sciences*, édit Seuil, 1997.

Sous la direction de Ph. de la Colardière, *Histoire des sciences*, édit Taillandier, 2012.

Sous la direction de D. Pestre, *Histoire des sciences et des savoirs* (3 tomes), édit Seuil, 2015.

B. Belhoste, *Histoire de la science moderne, de la renaissance aux Lumières*, édit A. Colin, 2016.

S. Mazauric, *Histoire des sciences à l'époque moderne*, A. Colin, 2009.

Sous la direction de de D. Lecourt, *Dictionnaire d'histoire et philosophie des sciences*, édit PUF 2006.

Sous la direction de T. Lepeltier, *Histoire et philosophie des sciences*, édit Sciences humaines, 2013.

M. Launay, *Le grand roman des maths, de la préhistoire à nos jours*, édit Flamarion, 2016.

Hors série Le Monde, *L'histoire des inventions*, juin 2015.

A. Simaan, J. Fontaine, *L'image du monde des Babyloniens à Newton*, Adapt Éditions, 1999.

A. Simaan, *L'image du monde de Newton à Einstein*, Vuibert-Adapt, 2005.

Sous la direction de L. Sève, *Sciences et dialectiques de la nature*, édit. La dispute, 1998.

E. Klein, *Matière à contredire, essai de philophysique*, édit L'observatoire, 2018.

J-F Dortier, *Les sciences humaines, panorama des connaissances*, édit Sciences humaines, 2015.

D. Andler et alii, *Philosophie des sciences* (Tome 1 et 2), édit folio essais, 2002.

B. d'Espagnat, *Une incertaine réalité*, édit Gauthier-vilar, 1985.
Sous la direction de X. Molénat, *Les penseurs de la société*, édit Sciences humaines, 2015.

… à écouter

YouTube
Conférences d'Étienne Klein

France-Inter
La tête au carré.

France-Culture
La conversation scientifique (les samedis) ;
La bibliothèque des sciences (les jeudis) ;
Le journal des sciences (les vendredis)
Matière à penser (mardi soir) ;
La méthode scientifique (des lundis aux vendredis).

… ou à consulter régulièrement

Société de philosophie
des sciences de gestion : http://spsg.fr

Table des matières

Introduction 9

I-QU'EST-CE QUE LA RECHERCHE ? 11

I.1-Missions de la recherche 11
I.2-La constitution des connaissances 12
I.3-Un problème de fond de la recherche
que l'on ne peut esquiver : le temps 14
I.4-Le développement des sciences
n'a jamais été un long fleuve tranquille 16
I.5-Démarche scientifique
et élaboration de théories 20
I.6-La distinction Recherche Fondamentale,
Application de la Recherche,
Recherche-Développement 22
I.7-Le processus d'innovation 24
I.6.1-Qu'est-ce qu'innover ? 24
I.6.2-Innovation et technologies 26
I.8-L'importance de la recherche
et de l'innovation dans le monde 27
I.9-La démarche concrète des études
et des recherches 29

II-LES DÉMARCHES SCIENTIFIQUES
EN SCIENCES SOCIALES 31

II.1-Typologie des Sciences Sociales 31
II.2-Les approches scientifiques
en Sciences sociales 33
II.3-Les méthodes généralement utilisées 34
II.4-Le développement
des méthodes qualitatives 35
II.5-Des approches qui se veulent globalisantes
des développements des sociétés 38

III-DE L'UTILISATION DES MATHÉMATIQUES ET DES MÉTHODES QUANTITATIVES 41
III.1-Données massives, informations et interprétations 41
III.2-Utilisations des mathématiques 42
III.3-Utilisations des statistiques 46

IV-LE DEVOIR DE TOUT CHERCHEUR : PRENDRE EN COMPTE LE CONTEXTE DE SES TRAVAUX 50
IV.1-L'enjeu civilisationnel du système Recherche-Innovation-Production 50
IV.2-Sciences et idéologies 52

V-RECHERCHES : CONDITIONS D'EXISTENCE ET ORGANISATION 54
V.1-Les formes de créativité 54
V-2-Les conditions de la créativité 56
V.3-Organisation de la recherche et de l'innovation 58
V.4-Financement de la recherche et de l'innovation 60

VI-UN EXEMPLE DE SUCCES ET DE DÉBOIRES DE RECHERCHES DANS LE DOMAINE DES ORGANISATIONS SANITAIRES ET SOCIALES (cas d'une équipe de recherche) 61
VI.1-Un pilotage par l'aval improductif 61
VI.2-Pourquoi une telle déconnexion entre les activités hospitalières et les dépenses ? 68
VI.3-Etats de santé de la population et augmentation des entrées à l'hôpital 70
VI.4-Concentration des pouvoirs et théorie des organisations 72
VI.5-Démarche de la recherche dans la compréhension des processus des prises en charge hospitalières 76
VI.5.1-Circonscrire le sujet et concepts sous-jacents 76

VI.5.2-Influences sociales urgentes sur la démarche empirique des chercheurs 78
VI.5.3-Création d'un outil de gestion (R&D) et limites de la démarche empirique 81
VI.5.4-Dépassement de la limite empirique : la théorisation 86
VI.5.5-Une application de la recherche fondamentale : de la théorie ADS à l'analyse des ressentis au travail 93

Conclusion 97

Recommandations de la 39e session de la conférence générale de l'UNESCO 2017 (Extraits) 99

À lire… ou à écouter 107

SCIENCES HUMAINES ET SOCIALES, LETTRES AUX ÉDITIONS L'HARMATTAN

Dernières parutions

LA MORT
Un mot qui empoisonne la vie
Gilbert Andrieu
La mort n'est pas ce que l'on croit. Parce que nous raisonnons à partir des morts que nous observons, nous ne pouvons pas la connaître. Nous ne serons jamais immortels. La seule immortalité que nous pouvons prendre en considération est celle des atomes qui se sont associés pour nous faire exister. La raison nous a trompés pour assurer son emprise sur la matière et la mort est devenue un enjeu de pouvoir, politique ou religieux, en nous plongeant dans l'angoisse. Tout effort de fuite vers un monde fantasmatique est totalement inutile.
(Coll. Ouverture Philosophique, 216 p., 22 euros)
ISBN : 978-2-343-17374-0, EAN EBOOK : 9782140122651

ENTRE NUÉES ET LUMIÈRES
Journal, 2016-2018
Jean-Pierre Lefebvre
Alors que les nuages s'amoncellent sur l'avenir, la conviction de l'auteur n'a pas changé : l'approfondissement obstiné de la pensée rationnelle est le vecteur unique d'une survie plus heureuse. La forme du journal permet de visiter les penseurs critiques qui parviennent à percer le concert obscurantiste dominant. L'écologie, vitale, ne peut se penser sans remettre en cause une urbanisation inévitable. L'extension des processus démocratiques est la seule façon de briser la logique délétère de l'accumulation et celle de l'État parasitaire. La pensée rationnelle doit s'interroger sur ses racines et dissoudre ce qui entrave son envol pour prolonger l'héritage des Lumières.
(394 p., 38,5 euros)
ISBN : 978-2-343-15984-3, EAN EBOOK : 9782140122576

LES RACINES PHILOSOPHIQUES ET BIBLIQUES DU CORPS CHEZ SPINOZA
Julius Brown Jr
Il y a plus de 350 ans, Spinoza stupéfiait l'Europe par sa philosophie de la Nature révolutionnaire. Aujourd'hui, sa conception de l'homme, et du corps en particulier, est encore d'une brûlante actualité. En effet, on assiste à une revalorisation du corps et à la nécessité d'une plus grande symbiose entre l'homme et la Nature. Pour Spinoza, l'âme s'étonne devant la complexité du corps. Qu'est-ce donc qu'un corps ? Qui sait

ce que peut un corps, son corps ? Jusqu'à quel point suis-je mon corps ? Comment peut-on devenir libre et expérimenter le « salut » ? Comment faire corps-société, si chaque corps cherche à augmenter sa propre puissance ? L'auteur cherche ici à connaître les origines de l'anthropologie de Spinoza, ses originalités et ses limites.

(Coll. Ouverture Philosophique, 314 p., 32 euros)

ISBN : 978-2-343-17610-9, EAN EBOOK : 9782140122507

GÉOCRITIQUE DE NIETZSCHE

France, Allemagne, Europe et au-delà

Angelika Schober

Préface de Bertrand Westphal

La géocritique de Nietzsche permet de comprendre sa pensée grâce aux pays, régions et villes du monde qui comptent pour lui. Outre la France, l'Allemagne et l'Europe, son regard englobe des espaces extra-européens : l'Inde, la Chine, l'Islam. L'actualité l'intéresse autant que l'histoire, et parmi les paysages, la Haute Engadine n'enchante pas moins que la Méditerrané et le désert. Nietzsche fait découvrir ces lieux par l'intermédiaire des personnes qui les habitent. Sa démarche révèle des contrastes et se caractérise par le désir de dépasser les frontières pour accéder à l'interculturalité. Ouvrant des horizons nouveaux, elle reflète aussi l'héritage des Lumières et du classicisme allemand.

(Coll. Ouverture Philosophique, 180 p., 19 euros)

ISBN : 978-2-343-17111-1, EAN EBOOK : 9782140121609

PENSER LA PHILOSOPHIE DE PLOTIN TOME II

Visée argumentaire des traités

Soeur Gilles Aimée Cisse

Préface de Placide Mandona

"La pensée de Plotin, telle qu'argumentée par la soeur Gilles Aimée Cisse dans ce deuxième tome, élucide en explicitant l'écho formidable de ce philosophe compliqué, mais toujours compris et aimé tant par les Pères de l'Église que par les théologiens médiévaux. L'auteure nous enracine dans l'extase plotinienne, pur mouvement de l'intelligence malgré sa faible différence à la révélation, acte de Dieu. " (Extrait de la préface de Placide Mandona)

(Coll. Harmattan Sénégal, 270 p., 22 euros)

ISBN : 978-2-343-17239-2, EAN EBOOK : 9782140122552

PENSER LA PHILOSOPHIE DE PLOTIN TOME I

Autour des cinquante-quatre traités

Soeur Gilles Aimée Cisse

Préface de Placide Mandona

Cet ouvrage nous plonge dans une recherche difficile et exigeante de l'histoire de la pensée philosophique ancienne et se donne pour objet l'examen de la philosophie de Plotinus (205-270 apr. J.-C, philosophe gréco-romain de l'Antiquité tardive). Cet examen s'accompagne, eu égard aux différents thèmes développés dans les Ennéades, de l'étude approfondie de tous les cinquante-quatre traités, avec une attention particulière sur des idées qui mettent en évidence l'originalité de la pensée de Plotin, à partir de Platon et d'Aristote : la nature de l'intelligence et l'au-delà de l'intelligence, à savoir l'Un.

(Coll. Harmattan Sénégal, 290 p., 24 euros)

ISBN : 978-2-343-17238-5, EAN EBOOK : 9782140122378

LA FORMATION DES PROFESSEURS DU SECOND DEGRÉ AU GABON (1971-2010)

Galedi Nzey

L'ouvrage présente l'évolution de la formation des professeurs du second degré au Gabon, de 1971 à 2010. Fort de sa riche expérience, l'auteur retrace l'histoire de l'École normale supérieure de Libreville et détaille son rôle majeur dans le système éducatif du pays. Cette étude permet donc non seulement de comprendre le rôle et la place de l'École normale, mais également de dégager des orientations pour la formation des enseignants à venir.

(Coll. Études africaines, 158 p., 17,5 euros)

ISBN : 978-2-343-17080-0, EAN EBOOK : 9782140122392

HISTOIRE DE VIE ET FORMATION DE LA PERSONNE

Préface de Gaston Pineau

Bernard Honoré

L'ouvrage présenté ici constitue un essai de mise en présence de deux notions, celle d'histoire de vie et celle d'autoformation existentielle, dans un parcours de recherche sur le sens de la formation reliée au soin dans l'existance. Il s'oriente vers la considération et la formation de la personne dans l'accomplissement de son humanité. Réfléchissant sur son expérience dans le champ de la formation et dans celui du soin, l'auteur est conduit aujourd'hui à comprendre la démarche d'histoire de vie comme démarche de découverte de la personne en sa formation, démarche en elle-même personnalisante de soi et des autres.

(Coll. Histoire de vie et formation, 246 p., 25 euros)

ISBN : 978-2-343-17429-7, EAN EBOOK : 9782140122460

PENSER LA PHILOSOPHIE DE PLOTIN TOME IV

L'interprétation de la philosophie de Plotin

Soeur Gilles Aimée Cisse

Préface de Sidy Diop

«...Les enseignements de Plotin que Soeur Gilles Aimée Cisse nous propose de redécouvrir interpellent nos consciences agitées et anxieuses tout en s'offrant à notre méditation comme une invite salutaire à remettre les boeufs avant la charrue. Ainsi, ils nous permettent de nous remémorer la mythique parabole de l'attelage ailé de Platon où les passions irascibles et concupiscibles représentées par le cheval rétif sont placées sous le joug du cocher symbolisant l'intelligence. Toute autre inversion de ce dispositif risque d'entraîner la dispersion et la chute de l'âme humaine...» (Extrait de la préface de Sidy Diop)

(Coll. Harmattan Sénégal, 224 p., 20 euros)

ISBN : 978-2-343-17241-5, EAN EBOOK : 9782140122354

PENSER LA PHILOSOPHIE DE PLOTIN TOME III

Les fondements de la philosophie de Plotin

Soeur Gilles Aimée Cisse

Préface de Placide Mandona

"Avec ce vre qui explicite les fondements de la pensée de Plotin, la soeur Gilles Aimée Cisse nous montre le chemin sûr d'une compréhension indiscutable, elle approfondit la substance du mariage hypostatique autrement, bref, elle ouvre une nouvelle grille de compréhension plotinienne. Pour parachever Plotin, l'enjeu principal de ce formidable opus est de parfaire le chemin philosophique ancien, aller à l'ultime moment de la pensée et méditer sur le socle de la réalité existentielle dans sa configuration existentiale." (Extrait de la préface de Placide Mandona)

(Coll. Harmattan Sénégal, 268 p., 22 euros)

ISBN : 978-2-343-17240-8, EAN EBOOK : 9782140122361

INTONATION EXPRESSIVE

et français langue étrangère

Chantal RITTAUD-HUTINET

Les praticiens de l'enseignement du français comme langue étrangère ou seconde (FLE/S) savent l'importance qu'a pour leurs apprenants l'intonation expressive. Cette compétence est indispensable pour repérer et comprendre les sousentendus contenus dans les paroles des locuteurs dont le français est la première langue et être capable de transmettre eux-mêmes opinions et ressentis de façon allusive. Analysant les idées reçues, ce livre s'adresse autant aux enseignants sur le terrain du FLE qu'aux formateurs de formateurs et à leurs étudiants en filière universitaire FLE.

(302 p., 30 euros)

ISBN : 978-2-343-17701-4, EAN EBOOK : 9782140122385

PERVERS NARCISSIQUES

Un fléau largement méconnu de la société et des juges

Anne-Elizabeth Lacoste

Qui peut prétendre ne pas avoir eu affaire un jour à un individu pervers narcissique ? Nous en croisons tous et pourtant, généralement, nous l'ignorons. En augmentation inquiétante, ce type d'individus dangereux se répand malheureusement dans nos sociétés, semant le malheur et la zizanie autour d'eux, ruinant des carrières, harcelant leurs victimes jusqu'au suicide, commettant toutes sortes d'escroqueries et parfois même des meurtres. Beaucoup d'entre eux occupent des postes haut placés.

(166 p., 18 euros)

ISBN : 978-2-343-17438-9, EAN EBOOK : 9782140121951

DU SENS DE L'HUMANITÉ

L'Oedipe-Roi de Sophocle

Essai de philosophie et de dialogue entre cultures

Dang Truc Nguyen

De nos jours, alors que la promotion de l'humanité est saluée comme la valeur essentielle de la philosophie, la tragédie grecque, donc L'OEdipe-Roi de Sophocle, est souvent invoquée comme une source privilégiée. Mais, ne serait-ce pas un déni de vérité ? Le texte et le contexte de cette tragédie ne disent-ils pas explicitement que ce qui intronise ce roi-connaissant suffisant au trône de son père, et ce qui le pousse à nouer une relation incestueuse avec sa mère, est dénoncé comme le crime originel contre l'humanité ? Ainsi, relire L'OEdipe-Roi de l'Ancien Sophocle en pensant le rejet du message de cette tragédie au cours de la tradition de notre culture occidentale, c'est repenser le défi de la pensée tragique dont le message touche à l'essence et à la dignité de tout être humain.

(Coll. Ouverture Philosophique, 276 p., 28 euros)

ISBN : 978-2-343-16779-4, EAN EBOOK : 9782140122286

Structures éditoriales du groupe L'Harmattan

L'Harmattan Italie
Via degli Artisti, 15
10124 Torino
harmattan.italia@gmail.com

L'Harmattan Hongrie
Kossuth l. u. 14-16.
1053 Budapest
harmattan@harmattan.hu

L'Harmattan Sénégal
10 VDN en face Mermoz
BP 45034 Dakar-Fann
senharmattan@gmail.com

L'Harmattan Cameroun
TSINGA/FECAFOOT
BP 11486 Yaoundé
inkoukam@gmail.com

L'Harmattan Burkina Faso
Achille Somé – tengnule@hotmail.fr

L'Harmattan Guinée
Almamya, rue KA 028 OKB Agency
BP 3470 Conakry
harmattanguinee@yahoo.fr

L'Harmattan RDC
185, avenue Nyangwe
Commune de Lingwala – Kinshasa
matangilamusadila@yahoo.fr

L'Harmattan Congo
67, boulevard Denis-Sassou-N'Guesso
BP 2874 Brazzaville
harmattan.congo@yahoo.fr

L'Harmattan Mali
Sirakoro-Meguetana V31
Bamako
syllaka@yahoo.fr

L'Harmattan Togo
Djidjole – Lomé
Maison Amela
face EPP BATOME
ddamela@aol.com

L'Harmattan Côte d'Ivoire
Résidence Karl – Cité des Arts
Abidjan-Cocody
03 BP 1588 Abidjan
espace_harmattan.ci@hotmail.fr

L'Harmattan Algérie
22, rue Moulay-Mohamed
31000 Oran
info2@harmattan-algerie.com

L'Harmattan Maroc
5, rue Ferrane-Kouicha, Talaâ-Elkbira
Chrableyine, Fès-Médine
30000 Fès
harmattan.maroc@gmail.com

Nos librairies en France

Librairie internationale
16, rue des Écoles – 75005 Paris
librairie.internationale@harmattan.fr
01 40 46 79 11
www.librairieharmattan.com

Librairie l'Espace Harmattan
21 bis, rue des Écoles – 75005 Paris
librairie.espace@harmattan.fr
01 43 29 49 42

Lib. sciences humaines & histoire
21, rue des Écoles – 75005 Paris
librairie.sh@harmattan.fr
01 46 34 13 71
www.librairieharmattansh.com

Lib. Méditerranée & Moyen-Orient
7, rue des Carmes – 75005 Paris
librairie.mediterranee@harmattan.fr
01 43 29 71 15

Librairie Le Lucernaire
53, rue Notre-Dame-des-Champs – 75006 Paris
librairie@lucernaire.fr
01 42 22 67 13

www.ingramcontent.com/pod-product-compliance
Lightning Source LLC
LaVergne TN
LVHW051403061026
849535LV00009B/3336